数学不烦恼

从找规律到各类数列

【韩】郑玩相◎著 【韩】金愍◎绘 章科佳 徐小晴◎译

·上海·

图书在版编目（CIP）数据

数学不烦恼. 从找规律到各类数列 /（韩）郑玩相著；（韩）金慜绘；章科佳，徐小晴译. —上海：华东理工大学出版社，2024.5

ISBN 978-7-5628-7359-4

Ⅰ. ①数… Ⅱ. ①郑… ②金… ③章… ④徐… Ⅲ. ①数学－青少年读物 Ⅳ. ①O1-49

中国国家版本馆CIP数据核字（2024）第078577号

著作权合同登记号：图字09-2024-0142

策划编辑 / 曾文丽
责任编辑 / 曾文丽
责任校对 / 王雪飞
装帧设计 / 居慧娜
出版发行 / 华东理工大学出版社有限公司
地址：上海市梅陇路 130 号，200237
电话：021-64250306
网址：www.ecustpress.cn
邮箱：zongbianban@ecustpress.cn
印　　刷 / 上海邦达彩色包装印务有限公司
开　　本 / 890 mm × 1240 mm　1/32
印　　张 / 4.5
字　　数 / 80 千字
版　　次 / 2024 年 5 月第 1 版
印　　次 / 2024 年 5 月第 1 次
定　　价 / 35.00 元

理解数学的思维和体系，
发现数学的美好与有趣！

《数学不烦恼》系列丛书的内容构成

数学漫画——走进数学的奇幻漫画世界

漫画最大限度地展现了作者对数学的独到见解。学起来很吃力的数学，原来还可以这么有趣！

知识点梳理——打通中小学数学教材之间的“任督二脉”

中小学数学的教材内容是相互衔接的，本书对相关的衔接内容进行了单独呈现。

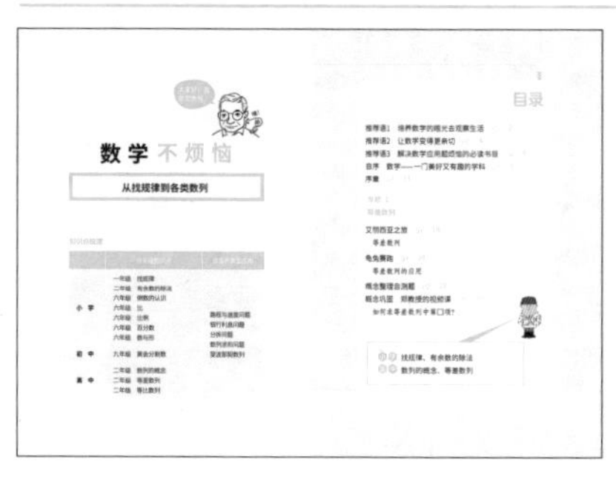
数学不烦恼

从找规律到各类数列

	一年级 找规律	
	二年级 有余数的除法	
	六年级 倒数的认识	
小学	六年级 比	
	六年级 比例	路程与速度问题
	六年级 百分数	银行利息问题
	六年级 数与形	分份问题
		数列求和问题
初中	九年级 黄金分割数	斐波那契数列
	二年级 数列的概念	
高中	二年级 等差数列	
	二年级 等比数列	

目录

找规律、有余数的除法
数列的概念、等差数列

概念整理自测题——测验对概念的理解程度

解答自测题，可以确认自己对书中内容的理解程度，书末的附录中还附有详细的答案。

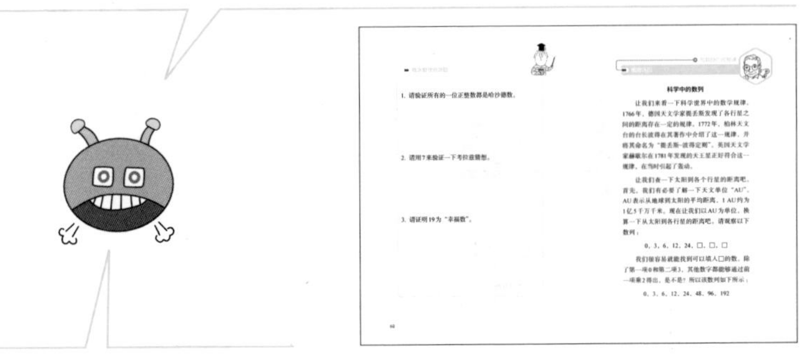

1. 请验证所有的一位正整数都是哈沙德数。

2. 请用7来验证一下考拉兹猜想。

3. 请证明19为“幸福数”。

科学中的数列

让我们来看一下科学世界中的数学规律。1766年，德国天文学家提丢斯发现了各行星之间的距离存在一定的规律。1772年，柏林天文台的台长波得在其著作中介绍了这一规律，并将其命名为“提丢斯-波得定则”。英国天文学家赫歇尔在1781年发现的天王星正好符合这一规律，在当时引起了轰动。

让我们查一下太阳到各个行星的距离吧。首先，我们有必要了解一下天文单位“AU”。AU表示从地球到太阳的平均距离，1 AU约为1亿5千万千米。现在让我们以AU为单位，换算一下从太阳到各行星的距离吧。请观察以下数列：

0，3，6，12，24，□，□，□

我们很容易就能找到可以填入□的数。除了第一项0和第二项3，其他数字都能够通过前一项乘2得出，是不是？所以该数列如下所示：

0，3，6，12，24，48，96，192

郑教授的视频课——近距离感受作者的线上授课

扫一扫二维码，就能立即观看作者的线上授课视频。从有趣的数学漫画到易懂的插图和正文，从概念整理自测题再到在线视频，整个阅读体验充满了乐趣。

术语解释——网罗书中的术语

本书的“术语解释”部分运用通俗易懂的语言对一些重要的术语进行了整理和解释，以帮助读者更好地理解它们，达到和中小学数学教材内容融会贯通的效果。当需要总结相关概念的时候，或是在阅读本书的过程中想要回顾相关表述时，读者都可以在这一部分找到解答。

术语解释

如果一个数列从第2项开始，每一项和它的前一项的比值都等于同一个常数，那么这个数列就叫作等比数列，这个常数叫作等比数列的公比。

如果一个数列从第2项开始，每一项和它的前一项的差都等于同一个常数，那么这个数列就叫作等差数列，这个常数叫作等差数列的公差。

如果一个数列的后项减前项所得的差，形成的新数列是等比数列，那么这个数列就是二级等比数列。

如果一个数列的后项减前项所得的差，形成的新数列是等差数列，那么这个数列就是二级等

术语解释

差数列。

莱昂纳多·斐波那契（1175—1250），意大利数学家，曾前往埃及、叙利亚、希腊、西西里等地游学，在阿拉伯地区学习当地先进的数学知识，并将其推广到欧洲，对欧洲各国的数学发展做出了贡献，尤以在欧洲普及阿拉伯数字而闻名于世。

斐波那契数列指的是前两个数之和等于后一个数的数列，这个数列以第一个提出该数列的数学家斐波那契命名。

将一个正整数以其本身或几个正整数之和的形式表示出来的方法的数量。

数学不烦恼

从找规律到各类数列

知识点梳理

	分年级知识点	涉及的典型应用
小学	一年级　找规律	
	二年级　有余数的除法	
	六年级　倒数的认识	
	六年级　比	
	六年级　比例	路程与速度问题
	六年级　百分数	银行利息问题
	六年级　数与形	分拆问题
		数列求和问题
初中	九年级　黄金分割数	斐波那契数列
高中	二年级　数列的概念	
	二年级　等差数列	
	二年级　等比数列	

目录

 找规律、有余数的除法

 数列的概念、等差数列

专题 2

等比数列

比、比例、百分数

等差数列、等比数列

专题 3

二级等差数列和二级等比数列

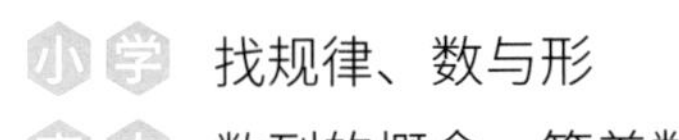
小学 找规律、数与形

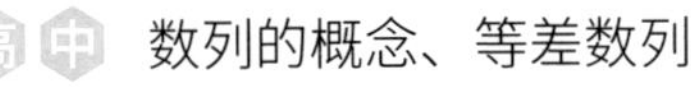
高中 数列的概念、等差数列

专题 4

其他有趣的数列

小学　找规律、倒数的认识

小学 找规律

专题 6

斐波那契数列

初中 黄金分割数

高中 数列的概念

专题 总结

附录

|推荐语1|

培养数学的眼光去观察生活

世界是由什么组成的呢？很多古代哲学家都对这一问题非常感兴趣，他们也分别提出了各自的主张。泰勒斯认为，世间的一切皆源自水；而亚里士多德则认为世界是由土、气、水、火构成的。可能在我们现代人看来，他们的这些观点非常荒谬。然而，先贤们的这些想法对于推动科学的发展意义重大。尽管观点并不准确，但我们也应当对他们这种努力解释世界本质的探究精神给予高度评价。

我希望孩子们能够抱着古代哲学家的这种心态去看待数学。如果用数学的眼光去观察、研究日常生活中遇到的各种现象，那么会是一种什么样的体验呢？如此一来，孩子们仅在教室里也能够发现许多数学原理。从教室的座位布局中，可以发现“行和列”；在调整座次、换新同桌时，就会想到“概率”；在组建学习小组时，又会联想到“除法”；在根据同班同学不同的特点，对他们进行分类的时候，会更加理解“集合”的概念。像这样，如果孩子们将数学当作观察世间万物的“眼睛”，那么数学就不再仅仅是一个单纯的解题工具，而是一门实用的学问，是帮助人们发现生活中各种有趣事物的方法。

而这本书恰好能够培养、引导孩子用数学的眼光观察这个世界。它将各年级学过的零散的数学知识按主题进行重新整合，把数学的概念和孩子的日常生活紧密相连，让孩子在沉浸于书中内容的同时，轻松快乐地学会数学概念和原理。对于学数学感到吃力的孩子来说，这将成为一次愉快的学习经历；而对于喜欢数学的孩子来说，又会成为一个发现数学价值的机会。希望通过这本书，能有更多的孩子获得将数学生活化的体验，更加地热爱数学。

中国科学院自然史研究所副研究员、数学史博士

郭园园

|推荐语 2|

让数学变得更亲切

看上去没有任何意义的点，如果按照一定的规则进行排列，也能够让人发现其中蕴含的美妙规律。

1　　3　　6　　10

$$1$$

$$1+2$$

$$1+2+3$$

$$1+2+3+4$$

$$\vdots$$

1　4　9　16

1

1 + 3

1 + 3 + 5

1 + 3 + 5 + 7

⋮

德国天文学家提丢斯把数学规律套用在自然界，发现太阳系的行星与太阳的平均距离存在一定的规律。我们一起来看这组数字：0，3，6，12，24，48，96，192，…。不难发现，将这组数字中前面的数（除0外）乘以2就可得出后一项；再将每个数加4再除以10，就可以得出这组数字：

0.4，0.7，1，1.6，2.8，5.2，10，19.6，…

这恰好近似于各个行星与太阳之间的平均距离。

太阳与水星的距离 = 0.4 AU[1]

1　AU是天文单位，约等于地球与太阳的平均距离。有关内容会在专题5详细介绍。

太阳与金星的距离 = 0.7 AU

太阳与地球的距离 = 1.0 AU

太阳与火星的距离 = 1.6 AU

太阳与小行星带的距离 = 2.8 AU

太阳与木星的距离 = 5.2 AU

太阳与土星的距离 = 10.0 AU

太阳与天王星的距离 = 19.6 AU

这种寻找数字规律的方法备受推崇，但实际上学起来并不容易。而作者在众多难以理解的数字排列中，通过重点关注以下几个规律，化繁为简，透过复杂现象来把握其中的简单规律。

间隔为定值的变化

差为定值的变化

和为定值的变化

积和商为定值的变化

具体来说，就是将中小学教材所涉及的数字规律类型举一反三，进而找出大部分数列中隐藏的规律。

从这一点来看，阅读这本书可以在短时间内接触到过去数千年数学文化史中的各种思想。特别是作者借漫画的形式，在数学中融入了情感和内心活动，从而让被认为很难学的数学变得更容易亲近。其中，数学漫画中的主人公柯马代表我们的好奇心，代替我们进行提问。在阅读这本书的过程中，也许大家就会发现自己原来在不知不觉中知道了这么多的数字规律。

韩国数学教师协会原会长
李东昕

|推荐语3|

解决数学应用题烦恼的必读书目

很多学生觉得数学的应用题学起来非常困难。在过去，小学数学的教学目的就是解出正确答案，而现在，小学数学的教学越来越重视培养学生利用原有知识创造新知识的能力。而应用题属于文字叙述型问题，通过接触日常生活中的数学应用并加以解答，有效地提高孩子解决实际问题的能力。对于现在某些早已习惯了视频、漫画的孩子来说，仅是独立地阅读应用题的文字叙述本身可能就已经很困难了。

这本书具有很多优点，让读者沉浸其中，仿佛在现场聆听作者的讲课一样。另外，作者对孩子们好奇的问题了然于心，并对此做出了明确的回答。

在阅读这本书的过程中，擅长数学的学生会对数学更加感兴趣，而自认为学不好数学的学生，也会在不知不觉间神奇地体会到数学水平大幅度提升。

这本书围绕着主人公柯马的数学问题和想象展开，读者在阅读过程中，就会不自觉地跟随这位不擅长数学应用题的主人公的思路，加深对中小学数学各个重要内容的理解。书中还穿插着在不同时空转换的数学漫画，它使得各个专题更加有趣生动，能够激发读者的好奇心。全书内容通俗易懂，还涵盖了各种与数学主题相关、神秘而又有趣的故事。

最后，正如作者在自序中所提到的，我也希望阅读此书的学生都能够成为一名小小数学家。

上海市松江区泗泾第五小学数学教师

徐金金

鼓掌
鼓掌

|自序|

数学

——一门美好又有趣的学科

数学是一门美好又有趣的学科。倘若第一步没走好，这一美好的学科也有可能成为世界上最令人讨厌的学科。相反，如果从小就通过有趣的数学书感受到数学的魅力，那么你一定会喜欢上数学，对数学充满自信。

正是基于此，本书旨在让开始学习数学的小学生，以及可能开始对数学产生厌倦的青少年找到数学的乐趣。为此，本书的语言力求通俗易懂，让小学生也能够理解中学乃至更高层次的数学内容。同时，本书内容主要是围绕数学漫画展开的。这样，读者就可以通过有趣的故事，理解数学中的重要概念。

数学家们的逻辑思维能力很强，同时他们又有很多“出其不意”的想法。当“出其不意”遇上逻辑，他们便会进入一个全新的数学世界。书中提出各种数列的数学家们便是如此。我在本书中介绍了很多连高中教材都没有涉及的有趣数列，原因是希望大家也能够成为创造出这样有趣数列的优秀数学家。

本书所涉及的中小学数学教材中的知识点如下：

小学：找规律、有余数的除法、倒数的认识、比、比例、百分数、数与形

初中：黄金分割数

高中：数列的概念、等差数列、等比数列

通过这本书中介绍的各种数列，希望大家能够发现遵循有趣规律的新数列，并对数字之间的规律性产生兴趣。最后，希望通过这本书，大家都能够成为一名小小数学家。

韩国庆尚国立大学教授

郑玩相

鼓掌
鼓掌

我叫柯马，非常讨厌数学。特别是应用题，一想到就头疼。
只有50分?! 你到底有没有在学习？
唉，不开心……
我为什么学不好数学啊？
唉……
咣当！
月亮旁边出现了一个新的月亮！
怎么会有两个月亮？！
咻——
你好呀，柯马！
你怎么会知道我的名字？！
!!

听说你因为数学而烦恼，我是来帮助你的！
来自数学星球的数学精灵
你要怎么帮我呢？
从现在开始，你将拥有神奇的魔法：可以跨越时空，穿梭于现实与幻想之间，去体验这个充满数学的世界！
啊！床自己飞起来了！
我是负责带你穿梭时空的百变“床怪”，我擅长图形与几何！
我是数学闹钟，你可以叫我“数钟”！
我擅长数和运算，让我来帮你提高数学！
相信我们就好啦！
向数学的奇幻世界出发！

人物简介

因数学不好而苦恼的孩子

充满好奇心的柯马有一个烦恼，那就是不擅长数学，尤其是应用题，一想到就头疼，并因此非常讨厌上数学课。为数学而发愁的柯马，能解决他的烦恼吗？

闹钟形状的数学魔法师

原本是柯马床边的闹钟。来自数学星球的数学精灵将它变成了一个会飞的、闹钟形状的数学魔法师。

数钟

床怪

穿越时空的百变鬼才

数学精灵用柯马的床创造了它。它与柯马、数钟一起畅游时空，负责其中最重要的运输工作。它还擅长图形与几何。

专题 1

等差数列

数列是指按一定规则排列的一列数。在一列数中，如果从第2项起，相邻两项之间差值相等，那么该数列就叫等差数列。寻找数的排列规律不仅在小学教学内容中有所涉及，也是中学函数和数列等内容的基础，因此非常重要。

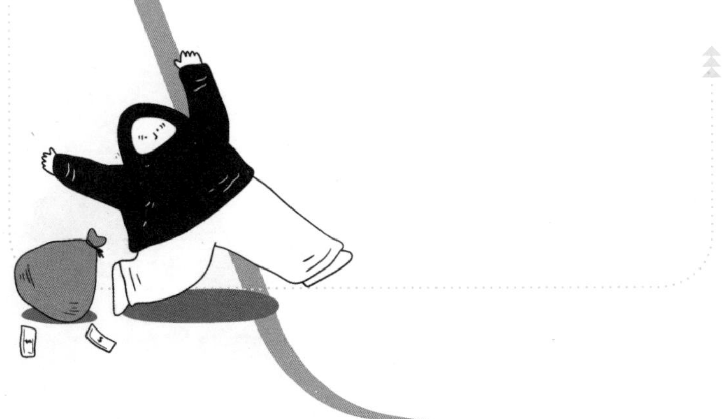

艾丽西亚之旅

等差数列

柯马，从现在起我们就要开启奇幻的数学旅行了！我和床怪可以在时间和空间中移动，创造各种全新的环境。我们可以在古希腊时期、中世纪以及各种幻境之间来回穿梭，也可以徜徉在童话世界中。总之，就是让你在各种不同的情境下愉快地学习数学。

这次的主题和图形有关吗？

并没有。这次和数有关。

那在这次旅行中，作为图形专家的我，也只能扮演个学生的角色了。当然，行程和安全还是由我来负责！

没错。床怪，那你能把我们带到虚拟空间——艾丽西亚去吗？

知道啦。向艾丽西亚——出发！

哇！第一次
见到能说话
的兔子！
1, 4, 7, 10,
13, 16, …

哎呀！早知道不跟着兔子下来了！感觉就是个无底洞呀。咦，怎么下落得越来越快了？

在地球上，物体下落的速度每秒会加快约10米。所以1秒后的速度约为每秒10米，2秒后的速度约为每秒20米，3秒后的速度约为每秒30米……速度就以这样的方式逐渐加快。

虽说是虚拟空间，但从一开始就这样也太可怕了吧，感觉自己差点儿就摔死了。

你最好习惯这样的突发状况。

话说回来，这儿是哪里？既然像在地球一样，下落的时候速度会越来越快，看来这里应该也是地球吧？

这儿是哪里不重要。想想兔子说过的数——

1，4，7，10，13，16，…

有什么规律吗？

$$1 + 3 = 4$$

$$4 + 3 = 7$$

$$7 + 3 = 10$$

$$10 + 3 = 13$$

$$13 + 3 = 16$$

噢，前面的数加3就能得到后面的数了。

这类将数按一定规律排列的问题，在小学数学中被称为“找规律”，在中学则被称为“数列”。今天的主题就是“等差数列”。兔子所说的数字就是差值为3的等差数列，数列中的每一个数叫作这个数列的项。

啊哈！原来从第2项开始，每一项和它的前一项的差都等于同一个常数，这样的数列就叫作等差数列。

没错。接下来，我们去黑白双色桥看看！柯马，试试在那边的双色桥上，只踩白色的部分过桥吧！

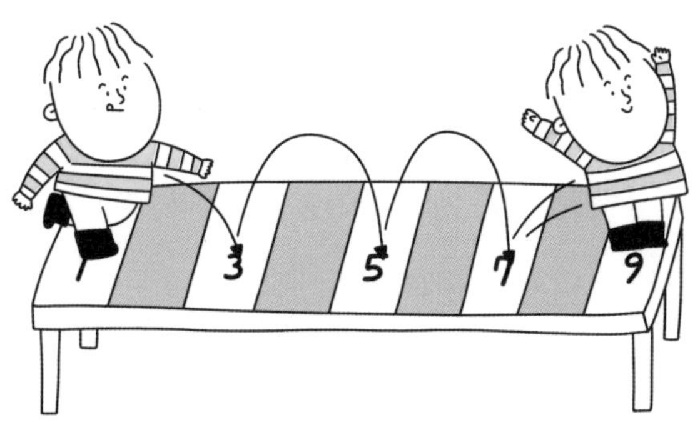

1，3，5，7，9，…，所以是差值为2的数列啊。

答对了！

我发现白色的部分都是奇数呢。

没错。奇数就是等差数列，差值2被称为公差。这次试试只踩黑色的部分过桥。

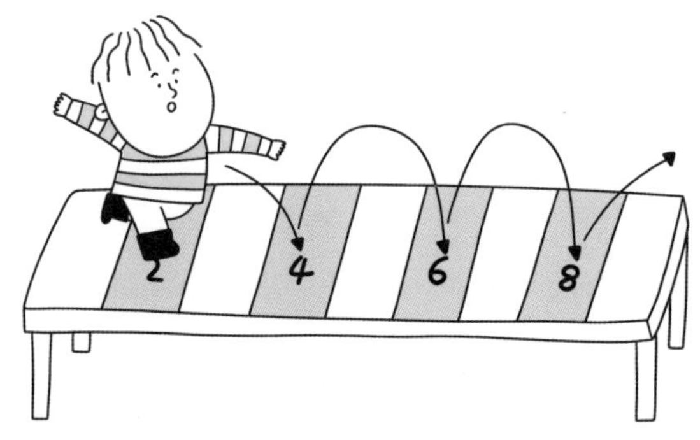

黑色的部分都是偶数。

偶数也是公差为2的等差数列。让我们试着列一组等差数列吧。看下面这组数：

0，1，2，3，4，5，6，7，8，…

也是等差数列呢。

这不就是公差为1的等差数列吗？

没错。这些数也叫作自然数。

是指在自然界中出现的数吗？

说的是人们在日常生活中计数或表示次序时，自然而然使用的数字啦。0也是自然数哦！现在，把自然数中能被3整除的数组合起来看看。

好。

0，3，6，9，12，15，…

是公差为3的等差数列！

那把除以3余1的数组合起来呢？

没问题。

1，4，7，10，13，…

这也是公差为3的等差数列呢，也就是刚才兔子说的数列。

接下来，把除以3余2的数列出来看看。

小菜一碟。

2，5，8，11，14，…

哇！这也是公差为3的等差数列！

能被3整除，意味着除以3后余数为0。根据除以3后的余数不同，可以分为余数为0、余数为1、余数为2的数，把它们分别组合，均能得到公差为3的等差数列。

用自然数除以某个数，然后根据余数分类，似乎都可以得到等差数列。比如用自然数除以4，余数就是0，1，2，3其中之一；而除以4后余数为0的自然数有4，8，12，16，20，…。

就是公差为4的等差数列啊。

余数为1的数为1，5，9，13，17，21，…，果然是公差为4的等差数列呢。

余数为2的数为2，6，10，14，18，22，…，也是公差为4的等差数列！

余数为3的数为3，7，11，15，19，23，…。

同样是公差为4的等差数列呢！

你们都太棒了。所以说，用自然数除以某个不为0的数，然后按照它的余数分类，就能够得到以除数为公差的等差数列。

龟兔赛跑

等差数列的应用

等差数列能够应用在什么地方？

假设一个人1秒跑10米，那么他2秒跑了多少米呢？

当然是20米啦。

这个人1秒、2秒、3秒、4秒跑的路程分别为10米、20米、30米、40米。

原来路程是公差为10的等差数列呀！

没错。1秒（或1分钟、1小时等）行进的路程就叫作这个人的速度。所以这个人在某段时间内的行进路程就可以用路程 = 速度 × 时间来计算。此时，这个人行进的路程就是以速度为差值的等差数列。

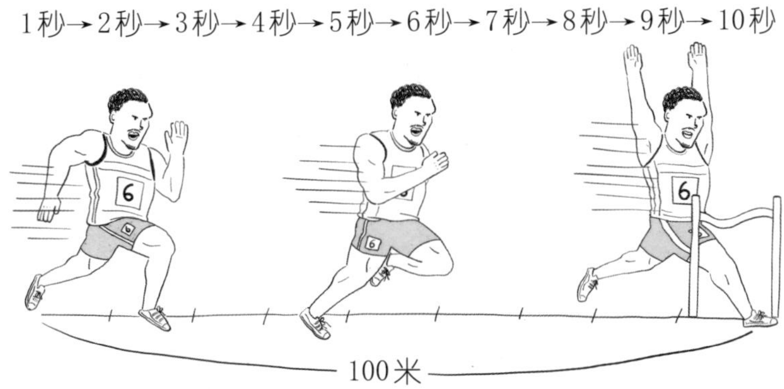

我1秒能
跑10米。
我1秒能
爬2米。
32米
1秒后
10米
2米
2秒后
乌龟根本就不是
我的对手！我还是
睡会儿吧。
20米
4米
15秒后
20米
!!
30米
2米
16秒后
30米
2米

哇！乌龟赢了。

乌龟坚持不懈地向终点爬，而骄傲的兔子却在比赛中偷懒睡觉，最后输掉了比赛。

我把兔子和乌龟每秒行进的路程做成了表格。

时间/秒	乌龟行进的路程/米	兔子行进的路程/米	事　　件
1	2	10	
2	4	20	兔子开始睡觉
3	6	20	
4	8	20	
5	10	20	
6	12	20	
7	14	20	
8	16	20	
9	18	20	
10	20	20	
11	22	20	
12	24	20	
13	26	20	
14	28	20	
15	30	20	兔子再次出发
16	32	30	乌龟到达终点

啊哈！乌龟行进的距离就是一个公差为2的等差数列。

制作表格解决数学问题是提高数学能力的好方法。

⋙ 概念整理自测题

1. 5的倍数能够组成等差数列吗？

2. 在等差数列中，相邻三项之间是什么关系？

3. 假设某人的体重每天增加100克，那么这个人每天的体重是等差数列吗？

※自测题答案参考114页。

如何求等差数列中第□项？

让我们来观察一下1，4，7，10，13，…这组等差数列。现在，让我们来推导一下求第□项的公式。第2项是1 + 3，第3项是1 + 3 + 3，第4项是1 + 3 + 3 + 3，整理如下：

第1项 = 1

第2项 = 1 + 3

第3项 = 1 + 3 + 3

第4项 = 1 + 3 + 3 + 3

让我们将其转换为乘法，如下：

第1项 = 1

第2项 = 1 + 3 × 1

第3项 = 1 + 3 × 2

第4项 = 1 + 3 × 3

那么，怎样求得第□项呢?

仔细观察转换为乘法的式子就能够得到以下公式：

第□项 = 1 + 3 ×（□ − 1）

专题 2

等比数列

在一组数列中，若从第2项起，每一项和它前一项的比值都相等，则称该数列为等比数列。我们在这里只对其进行简单的介绍，具体内容会在高中数学中涉及。除此之外，本专题还将介绍比和比值、百分比等日常生活中常用的概念，它们与中小学数学教材中的很多知识点紧密相关，因此非常重要。

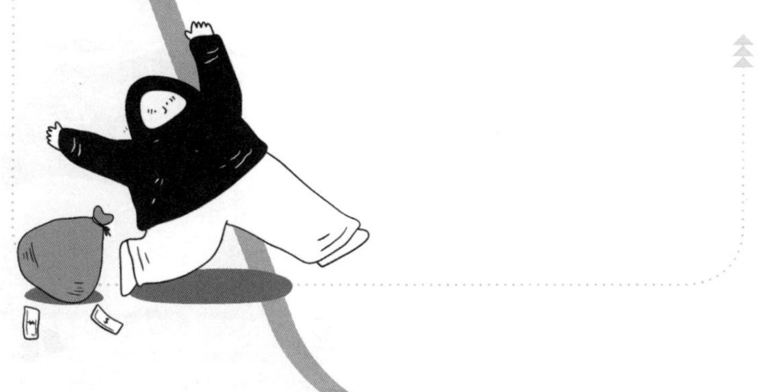

向漫画世界
出发！
那是什么？
那是一种叫作瞌睡
蜂的怪虫，它能让
人沉睡1小时！
原本只有1只瞌睡
蜂，现在变成了
2只！
2只变成了
4只？！

嗡——
嗡——
4只又变成了
8只?!
8只变成了
16只?!
糟糕，所有人都会睡着的。
这样下去，
床怪，赶紧使用魔法
网兜，把它们都抓
起来！
收！
终于，一切
恢复了平静。

保卫村庄免受瞌睡蜂的侵害

等比数列

这也和数列相关吗?

当然。把瞌睡蜂的数量依次写下来，就是1，2，4，8，16，…。你们看这些数字，有没有规律呀?

这不就是2的乘法口诀嘛。

这么说来，规律应该是这样的：

$$2 = 1 \times 2$$

$$4 = 2 \times 2$$

$$8 = 4 \times 2$$

$$16 = 8 \times 2$$

换句话说，前面的数乘以2就变成了后面的数。

没错。这就是等比数列。

这里为什么会突然蹦出个“比”呢?

假设柯马所在的学习小组共有8人，其中男生5人，女生3人。现在用男生人数与总人数相比较，可得男生与总人数的比为5:8。其中，男生人数5为比的前项，总人数8为比的后项。前项除以后项所得的商叫作比值，所以可以说男生与总人数的比值是$\frac{5}{8}$。

而求女生与总人数的比值，已知总人数是8，女生人数是3，因此女生与总人数的比值就是$\frac{3}{8}$。

没错。在等比数列中，从第2项起，每一项与它前一项的比值都等于同一个常数。在1，2，4，8，16，…中，2与1的比值为2，4与2的比值也是2。也就是说，从第2项起，该数列的每一项与它前一项的比值都是2，因而称之为等比数列。

银行中也有数列的应用？

利息计算就是一种等比数列

等比数列能应用在哪些方面呢？

把钱存到银行里会产生利息，对吧？

$$利息 = 本金 \times 利率$$

那么假设你在银行存入10 000元本金，1个月的利率是1%……

“%”是什么？

这是百分数的符号，叫作百分号，表示一个数是另一个数的百分之多少。举个例子：总共有100名学生，其中男生75名，那么男生所占的百分比就是75%，读作“百分之七十五”。

百分数可以化成小数，只要将小数点向左移动两位，再除以100%。所以

$$75\% = 0.75$$

完美！柯马，让我们回到原题：在银行存入10 000元本金，1个月的利率是1%，1个月后的利息是多少钱？

1%换算成小数就是0.01，所以利息为

$$10\,000 \times 0.01 = 100\text{（元）}$$

那么1个月后，你的账户中有多少钱？

原有的10 000元再加上100元的利息就可以了，也就是说，账户中有

$$10\,000 + 100 = 10\,100\text{（元）}$$

那么2个月后，你的账户又会中有多少钱？

每个月有100元的利息，那么2个月就有200元的

利息。我的账户里应该有

$$10\,000+200=10\,200（元）$$

不对哦。计算第2个月的利息时，本金应该是存在银行里1个月后的金额，即10 100元。

啊，那第2个月的利息就是

$$10\,100\times0.01=101（元）$$

所以，2个月后你的账户里就有

$$10\,100+101=10\,201（元）$$

这好像和等比数列没什么关系啊。

果真如此吗？你再想想。1个月后柯马账户里的10 100元可以表示为

$$10\,100=10\,000\times1.01$$

1.01是从哪来的呢？

是1份本金和1%的利率之和。

啊哈！那么2个月后，我账户里的10 201元就可以表示为

$$10\,201=10\,000\times1.01\times1.01$$

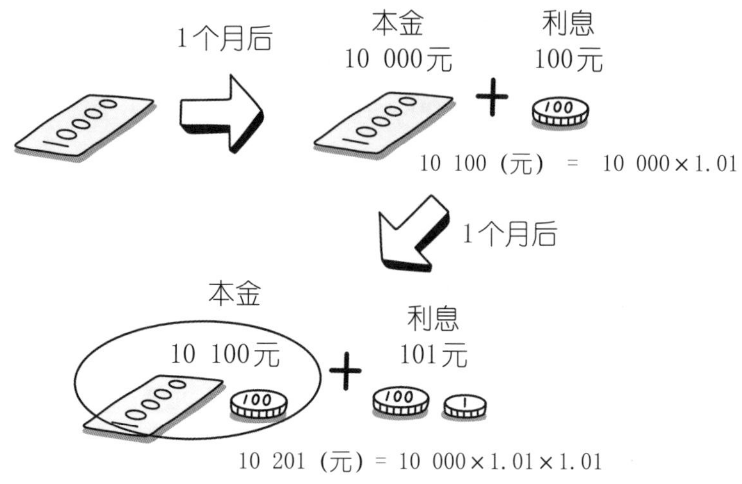

所以账户中每个月的本金加利息就是一组等比数列！

马尔萨斯的人口与粮食问题

两种不同的数列

除了银行存款之外，还有其他应用等比数列的例子吗？

英国学者马尔萨斯利用等比数列发现了人口与粮食的关系。他在1798年发表了一篇名为《人口论》的论文，文章认为，由于人口增长和粮食增长属于两种不同的数列，所以未来将会出现严重的社会问题。

 “两种不同的数列”是什么意思？

 你们所知道的数列不就两种吗？

 对呀。等差数列和等比数列。

就是这两种。马尔萨斯认为粮食以等差数列的形式增长，而人口以等比数列的形式增长，所以未来将会出现几十个人为了争夺一个面包而大打出手的情况。

好奇怪啊，不管是以等差数列的形式增长，还是以等比数列的形式增长，它们不都在增长吗？人口增加，粮食也会随之增加，不会造成什么问题吧？

果真如此吗？举例来说，假设某年人口为10 000人，一天的面包供应量为100 000个。那么一个人一天能吃几个面包呢？

100 000 ÷ 10 000 = 10（个）。

现在假设每年的人口增加1倍，一天的面包供应量增加10 000个。那么，一年后的人口数量是

$$10\,000 \times 2 = 20\,000（人）$$

而一天供应的面包个数是

$$100\,000 + 10\,000 = 110\,000（个）$$

对吧？那现在一个人一天能吃几个面包呢？

110 000 ÷ 20 000 = 5.5（个）。

一个人可以吃5.5个。一年前一个人还能吃10个呢。

很好。又一年过去了，那么人口变成了

$$200\,00 \times 2 = 400\,00（人）$$

再计算一下一天的面包供应量，就是

$$110\,000 + 100\,00 = 120\,000（个）$$

那如今一个人一天能吃几个面包呢？

120 000 ÷ 40 000 = 3（个）。

啊！减少到3个了。

让我们把几年的情况做成一张表格。

	人口数量/人	一天的面包供应量/个	一人一天吃的面包数量/个
现　在	100 00	100 000	10
1年后	200 00	110 000	5.5
2年后	400 00	120 000	3
3年后	800 00	130 000	1.625
4年后	160 000	140 000	0.875
5年后	320 000	150 000	0.468 75

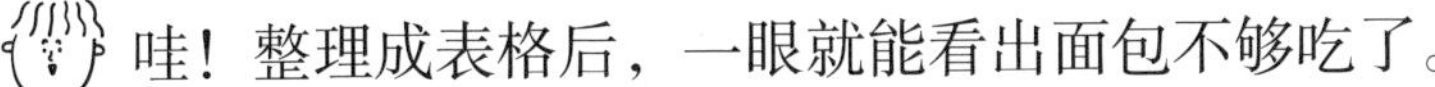

哇！整理成表格后，一眼就能看出面包不够吃了。

如表格所示，一天的面包供应量以等差数列的形式增长，而人口以等比数列的形式增长，因此，随着时间的推移，一人一天可以吃的面包数量就会越来越少。

这样长年累月下去，与增加的人口相比，面包的数量严重不足，届时人们就会为了食物而争得头破血流。

没错。所以马尔萨斯预测，人们将会为了抢夺粮食而发动战争。为此，马尔萨斯认为，要控制人口数量，防止人口呈等比数列增长。

原来如此。

⋙ 概念整理自测题

1. 已知下列数列为等比数列，在□内填入适当的数。

   12，36，108，324，□，…

2. 求等比数列中相邻三项之间的关系。

3. 如果10，□，40成等比数列，那么□内的数是多少？

※自测题答案参考115页。

如何求等比数列中第□项？

让我们来观察一下1，3，9，27，…这组等比数列。在前一专题中，我们已经推导出等差数列第□项的公式，现在我们继续推导等比数列第□项的公式。等比数列1，3，9，27，…可整理如下：

第1项 = 1

第2项 = 1 × 3

第3项 = 1 × 3 × 3

第4项 = 1 × 3 × 3 × 3

所以第□项可以由第1项乘以(□ − 1)个3得出。

例如，在这个数列中，第7项可以用1乘以6个3得出，即第7项 = 1 × 3 × 3 × 3 × 3 × 3 × 3 = 729。

专题 3

二级等差数列和二级等比数列

本专题为等差数列和等比数列内容的拓展，即二级等差数列和二级等比数列。另外还将介绍被称为“毕达哥拉斯形数”的三角形数和四边形数。形数即有形状的数，意思是把数看作点，并按照几何模型进行排列。这些内容将为越来越难的中学数学问题提供新的解题思路。

音乐秀秀秀
这次要向大家介绍的新人偶像组合是10人女子组合——梦想少女！
梦想
音乐秀秀秀
音乐秀秀秀
1是我们移动的脚步
音乐秀秀秀
走向通往永恒的幸福之路
音乐秀秀秀
6是我们约定的祝福
10是向梦想昂首阔步

10 人偶像组合

相邻两数之差组成一个数列?

从今天开始，我就是梦想少女的粉丝了。

我也是，我也是！

我们今天要学的主题——梦想少女已经说完了。

什么呀！我只听到她们在唱歌。

我只看到她们在跳舞。

你们依次写出舞台上的成员人数看看。

刚开始舞台上有1人，然后又上去了2人，所以舞台上共有3名成员；接着又上去了3人，这样舞台上共有6名成员；最后又上去了4人，这样舞台上共有10名成员。也就是1，3，6，10。

这也没什么规律呀？既不是等差数列，也不是等比数列吧？

把相邻两项的差写下来看看。

1和3的差为2，3和6的差为3，6和10的差为4。

看出什么规律了吗？

相邻两项的差形成了一个等差数列！

是的。这种数列就叫“二级等差数列”。

观察下面一组数字。1，3，8，16，27，41，…，这也是一个二级等差数列。

依次写出相邻两数的差，为2，5，8，11，14，…，啊，是个差值为3的等差数列。

接下来，再观察一下这些数字：1，3，7，15，31，63，…。

依次写出相邻两项的差，为2，4，8，16，32，…，这是个等比数列呢。

没错。这种数列叫作“二级等比数列”。任意说一个等比数列看看。

我来。1，3，9，27，81，…

然后依次将相邻两数作差。

这太简单了。2，6，18，54，…，天哪！又是一个等比数列。

在一个等比数列中，依次将相邻两数作差，就会出现另外一个新的等比数列。

真有意思啊。

毕达哥拉斯形数

当数字遇到图形

第一个发现二级等差数列的人是毕达哥拉斯。

毕达哥拉斯是谁?

他是古希腊著名数学家，生活在约2500年前的时代。

哇！真的是很久很久之前的人呀。

毕达哥拉斯出生在古希腊的萨摩斯岛。他师从泰勒斯学习数学，又去埃及学习了很长时间，之后回到了故乡。毕达哥拉斯原本想在家乡创办学校，但未能实现。在他40多岁时，终于在意大利南部的克罗顿创办了一所学校。很多追随他的人聚集在那里学习数学。毕达哥拉斯非常重视数字和图形之间的关系。举例来说：

1　　3　　6　　10

毕达哥拉斯将能够排列成三角形的点的个数称为三角形数，即三角形数为1，3，6，10，…。

就是梦想少女所呈现的二级等差数列。

三角形数有以下规律：

$$3 = 1 + 2$$

$$6 = 1 + 2 + 3$$

$$10 = 1 + 2 + 3 + 4$$

你们发现什么了吗?

原来将正整数依次相加就能得到三角形数呀!

看图的话会更加明显。下图由三角形数10排列而成。

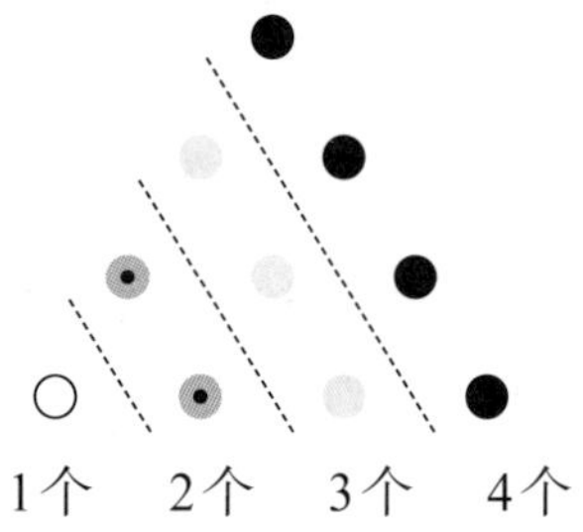

看图更容易理解呢。

我有个疑问，有四边形数吗?

当然啦。毕达哥拉斯还研究了下图所示的四边形数，也叫正方形数。

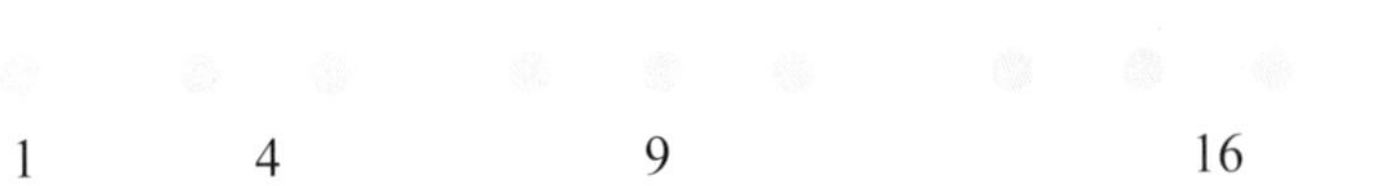

真是正方形呢。前4个正方形数是1，4，9，16，…，依次写出相邻两数的差为3，5，7，…，这是一个公差为2的等差数列。

没错，正方形数就是公差为2的二级等差数列。三角形数和正方形数之间存在着有趣的关系。把第1个三角形数和第2个三角形数相加看看。

$1+3=4$。

把第2个三角形数和第3个三角形数加起来看看。

$3+6=9$。

毕达哥拉斯发现相邻两个三角形数相加，就会得到正方形数。毕达哥拉斯不仅研究了三角形数和正方形数，还研究了其他数字与图形之间的关系，并把能够排列成五边形的点的个数称为五边形数，能够排列成六边形的点的个数称为六边形数。正方形数还具有另外一种有趣的规律，就是$1=1\times1$，$4=2\times2$，$9=3\times3$，$16=4\times4$。

哇，我也发现了一个有趣的规律。

什么规律？

看好了！ 1＋3＝4，1＋3＋5＝9，1＋3＋5＋7＝16。

原来将奇数按顺序依次相加可以得到正方形数啊。

被你发现了呢。这个可以用图来表示，看一下第3个正方形数9。

将其按照下图所示分成三个部分。

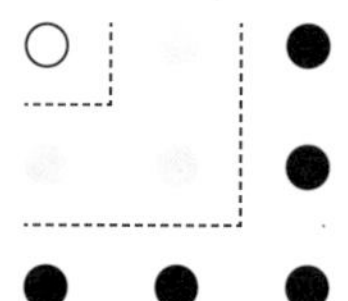

那么就有1个○、3个 、5个●，所以点的总数就是1 + 3 + 5，对吧？这三个数相加的结果和第3个正方形数9一致，所以可以用1 + 3 + 5 = 9来表示。

用图来表示一目了然，真方便啊。

好，目前为止，我们学习了二级等差数列和二级等比数列。

是的。还学习了毕达哥拉斯形数、三角形数、正方形数的有趣规律。

没错。为了回顾总结一下目前为止所学的内容，就让柯马化身为剑士，利用所学的知识与邪恶的巫师来一场决斗吧。

这还用决斗吗？柯马我肯定是最优秀的剑士！哈哈哈！

到底是喊“救命”求救，还是变身为最优秀的剑士，让我们拭目以待。出发，一起前往决斗现场！

从现在开始，这个国家就是我的了！
床怪！快找出碟形武器的弱点！
用剑劈4次，将它分成11块，碟形武器就会消失啦！
咻——
看剑！
这项任务就交给我这个最优秀的剑士吧！

只有劈4次它才会裂开。
为什么它没有裂成两半？
咿呀呀呀！
那样劈4次是不能分成11块的。要尽可能多地将它劈成碎块。
铮
这样可以把它分成4块！
铮
这样可以把它分成7块！
这样就可以把它分成11块啦！
铮
啊啊啊！
你们给我等着！
用剑劈4次，分别切成2，4，7，11块，形成了二级等差数列呢！
鼓掌
鼓掌

概念整理自测题

1. 观察以下数列。

4，6，10，16，□，…

当该数列为二级等差数列时，求□的值。

2. 观察以下数列。

1，0.5，$\frac{1}{3}$，0.25，□，…

求□的值。

3. 画出5条线段，它们最多可以有多少个交点？

※自测题答案参考116页。

让我们找找其他二级等差数列的例子吧！

如何表示一个任意的三角形数？让我们来观察下面这张图。

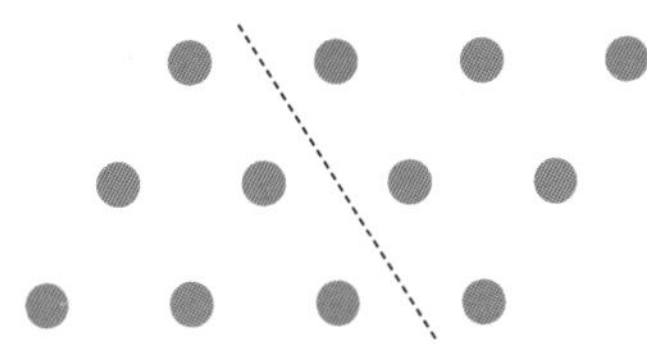

虚线左边的点的个数和虚线右边的点的个数相等。点的总数可以表示为3×4。该式可以写成$3\times(3+1)$，数值上是第3个三角形数的2倍，故第3个三角形数就可以表示为$\frac{1}{2}\times3\times(3+1)$。

找出规律了吗？眼尖的读者们应该已经得出公式了吧。

第□个三角形数可以用$\frac{1}{2}\times\square\times(\square+1)$来计算。

专题 4

其他有趣的数列

本专题内容涉及外观数列、分拆数组成的数列和兰福德数列，从这些数列的名字就知道它们非同寻常，且非常有趣。另外，本专题还会介绍调和数列，它看似没什么规律，但只要取这些数的倒数就能发现其中的奥妙。研究这些数列，就像玩解谜游戏一样有意思。

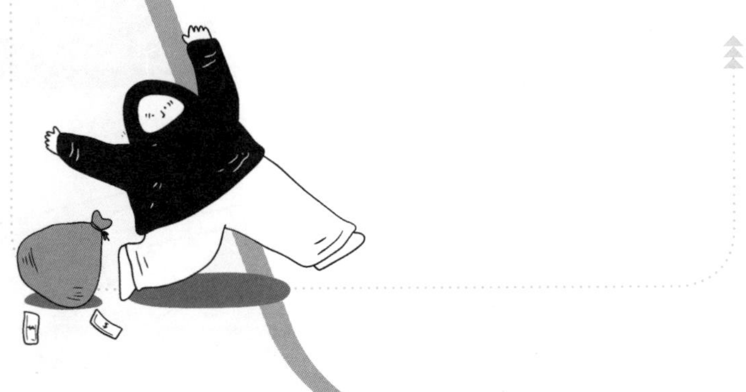

这里是贝尔纳城的
一家侦探事务所
从现在开始，我们的角色就是侦探啦。
INK
发生一起盗窃案！
信箱
111221
?!
发生第二起盗窃案。
地址写着312211
《怪盗的暗号曲》
我叫什么名字
《怪盗的暗号曲》
不知道是谁吧
TO.
312211

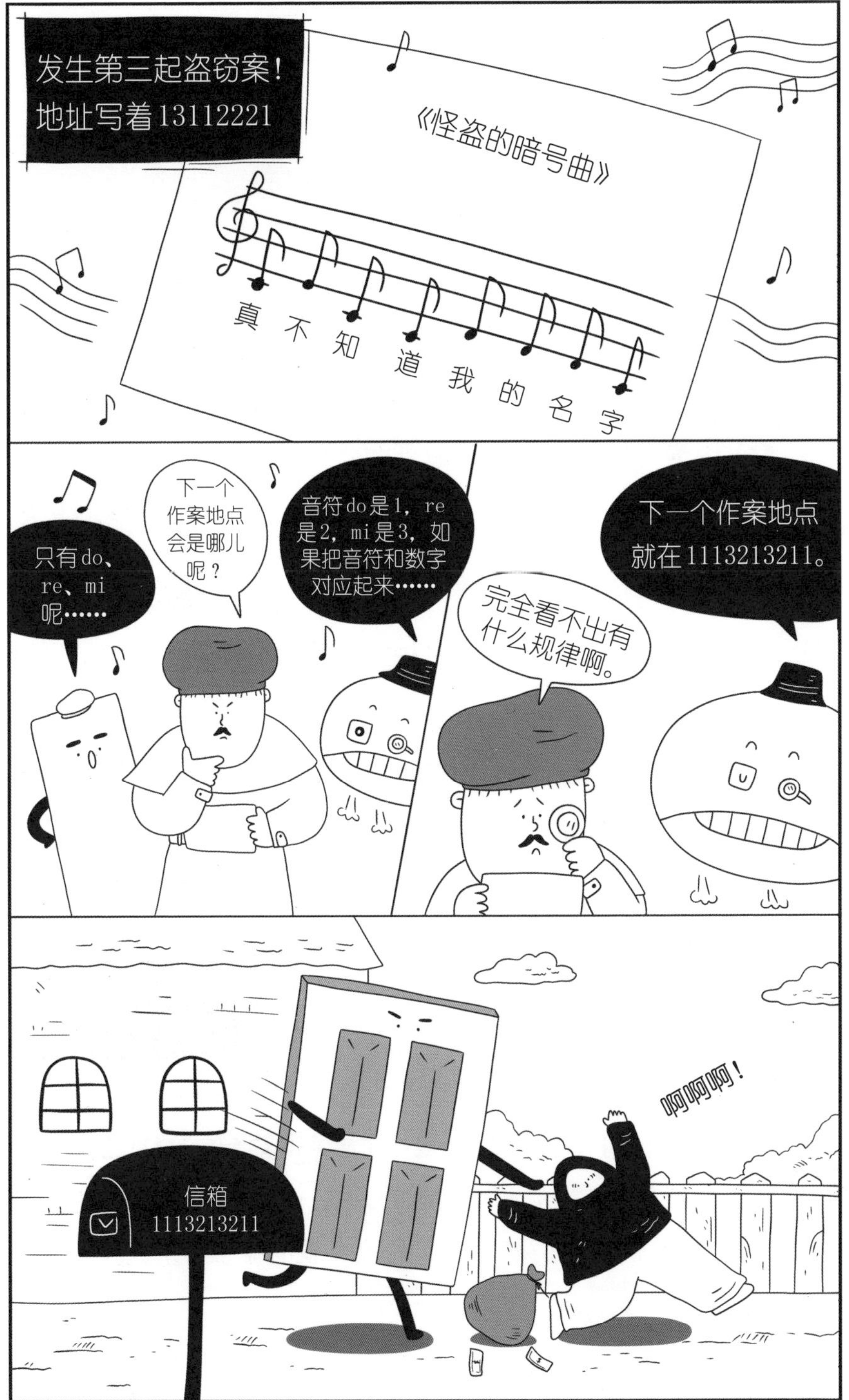
发生第三起盗窃案！
地址写着13112221
《怪盗的暗号曲》
真不知道我的名字
只有do、re、mi呢……
下一个作案地点会是哪儿呢？
音符do是1，re是2，mi是3，如果把音符和数字对应起来……
完全看不出有什么规律啊。
下一个作案地点就在1113213211。
信箱
1113213211
啊啊啊！

外观数列

对前一项进行外观描述的数列

数钟！你是怎么准确地推测出下一个作案地点，甚至连具体地址都分毫不差的?

因为地址是一个外观数列啊。

外观数列?

是啊，这就是外观数列。

1, 11, 21, 1211, 111221, 312211, …

这个数列从数字1开始，后一项就是前一项的描述——有几个1，几个2，几个3……这样按顺序依次写下每个数字有几个就可以了。

第1项是1，也就是1个1。

所以第2项是11。

第2项是2个1，可得第3项为21；第3项是1个2和1个1，可得第4项为1211。

第4项是1个1，1个2，2个1，可得第5项为111221，这就是怪盗第一次作案的地方；继续，第6项是312211。这样第二次作案地点就有了。

没错，继续。

以此类推，第6项是1个3，1个1，2个2，2个1，所以就得出了第7项为13112221，正好是第三次作案的地点呢。

第7项为1个1，1个3，2个1，3个2，1个1，所以这样就能够得出再下一项是1113213211了啊！

哇！看着前一项，依次说出每个数字的个数，就得出最后作案的地点了！

没错！这个数列的后一项是对前一项的外观进行描述，所以叫外观数列。它是由英国的数学家康威在1986年首次提出的，故而也叫康威数列。

分拆数组成的数列

将一个数表示成其自身或几个正整数相加

观察以下数列，

1，2，3，5，7，11，15，22，30，42，…

看出有什么规律了吗？

既不是等差数列，也不是等比数列，相邻两数作差可得1，1，2，2，4，4，7，8，12，…。这好像也没有什么规律。

这些数字是分拆数，分拆是指将一个正整数表示成其自身或几个正整数之和，分拆数是多少就是代表有几种不同的分拆方式。比如，1不能用几个正整数的和来表示，只用其自身1来表示，故只有1种分拆方式。所以1的分拆数是1。

2可以用1 + 1来表示，也可以用2来表示。也就是说，2有1 + 1和2这2种表示方式，那么2的分拆数就是2。

没错，分拆数也不是很难，对不对？

3可以用1 + 1 + 1，1 + 2，2 + 1来表示，也可以直接用3来表示，所以有4种分拆方式。也就是说，3的分拆数是4吗？

不能这么算，用1 + 2表示3和用2 + 1来表示3是同一种分拆方式。所以3的分拆方式只有1 + 1 + 1，1 + 2，3这3种。

1的分拆数是1，2的分拆数是2，3的分拆数是3。那么4的分拆数是4吗？

也不对哦。4的分拆方式有1 + 1 + 1 + 1，1 + 3，2 + 2，1 + 1 + 2和4这5种。所以4的分拆数是5，对吗？

回答正确！为了更直观地观察分拆数，我们用图来表示，会出现一些有趣的图形。

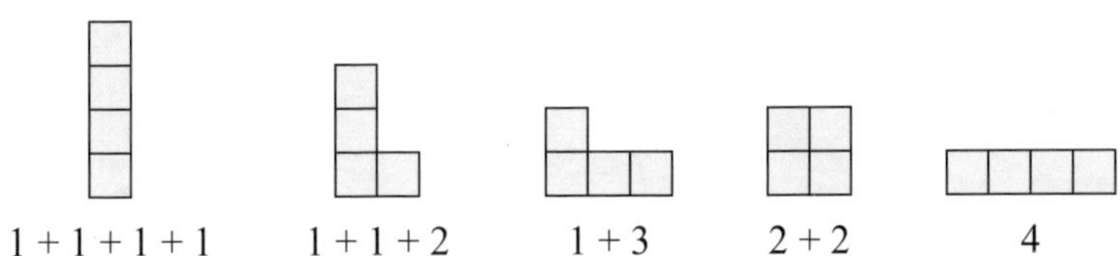

随着数字增大，分拆的方式会迅速增加。

有没有无需将每一种分拆方式都一一列举，就能计算分拆数的方法呢?

历史上，有很多关于整数分拆的研究。有数学家研究出了计算分拆数的公式，整数越大，公式估算出的结果越接近实际值。另外，现代还可以利用计算机进行求解。好了，现在让我们进入到下一个时空吧！

爸爸回
来啦！
积木
嗯……

这样……

哇！

要把它放到
哪儿呢……

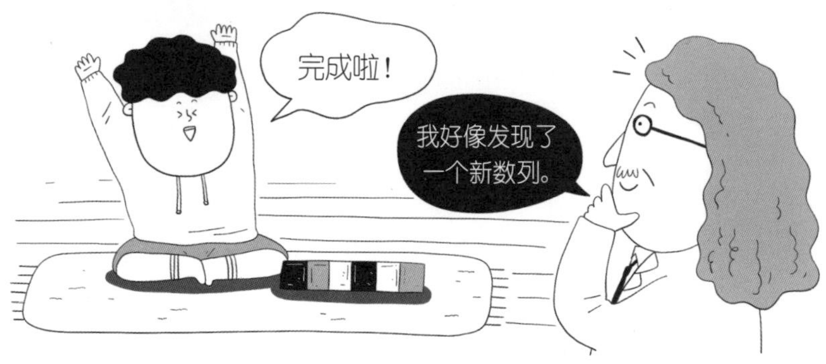
完成啦！
我好像发现了
一个新数列。

兰福德数列

按照游戏规则排列的数

那个叔叔发现了什么？

刚才那两位正是数学家兰福德和他的儿子。数学家兰福德把儿子积木游戏中的白色积木记为1、黑色积木记为2、灰色积木记为3，将儿子的游戏转换成了数与数之间的规则。

也就是说，1和1之间恰好有一个不是1的数，2和2之间可以恰好有两个不是2的数，3和3之间恰好有三个不是3的数？

没错。这就是兰福德规则。

明明是他儿子的规则……

在卡片上写上数字，然后按照兰福德规则排列这些卡片，这样设计游戏应该很有趣吧。

好主意。兰福德规定，数字相同的卡片各有两张，所以就是1，1，2，2，3，3。来！现在就用这些卡片排出一个兰福德数列。

3，1，2，1，2，3好像可以。

回答错误。3和3之间不能有四个数。

找到啦。2，3，1，2，1，3。

回答正确。在排列兰福德数列的时候，首先考虑最大的那两个数。那么，在这些卡片中最大的数是3，对吧？由于3和3之间需排放三个数，所以应符合3，□，□，□，3。

现在只要找出□就可以了。可怎样才能找到呢？

一个一个地填入就行！先把三个□分别设为Ⓐ，Ⓑ，Ⓒ，这样就可以写作“3，Ⓐ，Ⓑ，Ⓒ，3”，对不对？

好像不太对……一共有1，1，2，2，3，3，共六个数，但现在只有五个数。

把剩下的那个数设为Ⓓ，那这个兰福德数列可能就是下面两种情况：

Ⓓ，3，Ⓐ，Ⓑ，Ⓒ，3

3，Ⓐ，Ⓑ，Ⓒ，3，Ⓓ

两个3都已经排定，所以Ⓐ，Ⓑ，Ⓒ，Ⓓ这四个数只能是1或2。

原来如此！我觉得这里很明显，Ⓐ不可能是2。

没错，Ⓐ只能是1。所以这个兰福德数列就会变成这两种情况：

Ⓓ，3，1，Ⓑ，Ⓒ，3

3，1，Ⓑ，Ⓒ，3，Ⓓ

那么Ⓒ也必须是1。这样才能符合在1和1之间只有一个数的规则。

是的。因此这个兰福德数列就是

Ⓓ，3，1，Ⓑ，1，3

3，1，Ⓑ，1，3，Ⓓ

对吧？现在只要把剩下的2填进去就行。

完成！所以这个兰福德数列就是2，3，1，2，1，3或3，1，2，1，3，2。正好符合1和1之间恰好有一个数、2和2之间恰好有两个数、3和3之间恰好有三个数这一规则！

⋙ 概念整理自测题

1. 在外观数列中，1113213211的下一项是多少？

2. 5的分拆数是多少？

3. 6的分拆数是多少？

※ 自测题答案参考118页。

调和数列

请你观察以下数列。

$$1, \frac{1}{3}, \frac{1}{5}, \frac{1}{7}, \cdots$$

这个数列有什么规律呢？它既不是等差数列，也不是等比数列。

请写出这些数的倒数。倒数是分子和分母互换位置所得到的数。它们的倒数分别是1，3，5，7，…，对不对？仔细观察，你就会发现这些倒数构成了等差数列。像这样，倒数为等差数列的数列叫作调和数列。

专题 5

“幸福数”、哈沙德数以及考拉兹猜想

如果我们重复对一个自然数的各个数位上的数字求平方和，最后得出的结果为1，则这个数被称为“幸福数”。哈沙德数是指能够被其各个数位上的数字之和整除的正整数。而考拉兹猜想是指任意正整数，若是偶数就除以2，若是奇数就乘3再加1，如此不断循环计算，最终都将得到1。本专题有助于培养大家解决问题的能力和计算思考的能力。

让我们去数学漫画时空！
穷弟弟家
爸爸，我好饿……
哥哥！借我点儿大米吧！
自己家还不够吃呢！
啊，正好有13粒，真是个有趣的数字，刚够我们家13口人一人吃一粒！
来，一人一粒！
啊……
某一天
摔疼了吧……
再见！
第二年春天
8
12
13
2
4
5
3
6
7
9
14
11
选7号和13号！
你拿两个葫芦走吧。
“幸福数”
这些都是我的！
7
13
8
6
5
3
2
11
4

"幸福数"

报恩燕子送来的礼物

哇！这是燕子报恩的故事呢。

可葫芦上的数字和礼物有关吗？燕子怎么不直接送金银财宝呢？

这可是一份大礼呀。因为燕子让穷弟弟选的葫芦上面写着的数字是"幸福数"。

"幸福数"是什么？

你算算第一个葫芦上的数字7的平方。

$7\times7=49$。

然后计算49十位上的数字4的平方，再计算个位上的数字9的平方。

不就是$4\times4=16$，$9\times9=81$嘛。

把两数相加。

$16+81=97$。

好，再重复一遍前面的步骤：先计算97中9的平方，再计算7的平方。

就是$9\times9=81$，$7\times7=49$。

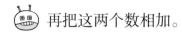

再把这两个数相加。

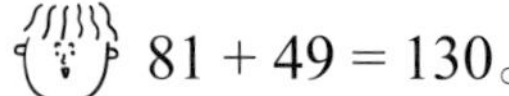
$81+49=130$。

继续重复前面的步骤。这次的数是130，所以要分别算出1，3，0的平方后相加。

$1\times1+3\times3+0\times0=10$。

再重复一次，分别算出10的十位上的1和个位上的0的平方后相加，是多少呢？

最后得到$1\times1+0\times0=1$。

真棒。我们重复地求某个数各个数位上数字的平方之和，如果若干次后得到1，那么这个数就叫作“幸福数”。

穷弟弟拿到的第二个葫芦上的数字13也是幸福数呢。13的十位数上的数字是1，个位数上的数字是3，求它们的平方之和，可得$1\times1+3\times3=10$；再求10的各个数位上数字的平方之和，可得$1\times1+0\times0=1$，最后也能得到1，所以13也是“幸福数”。

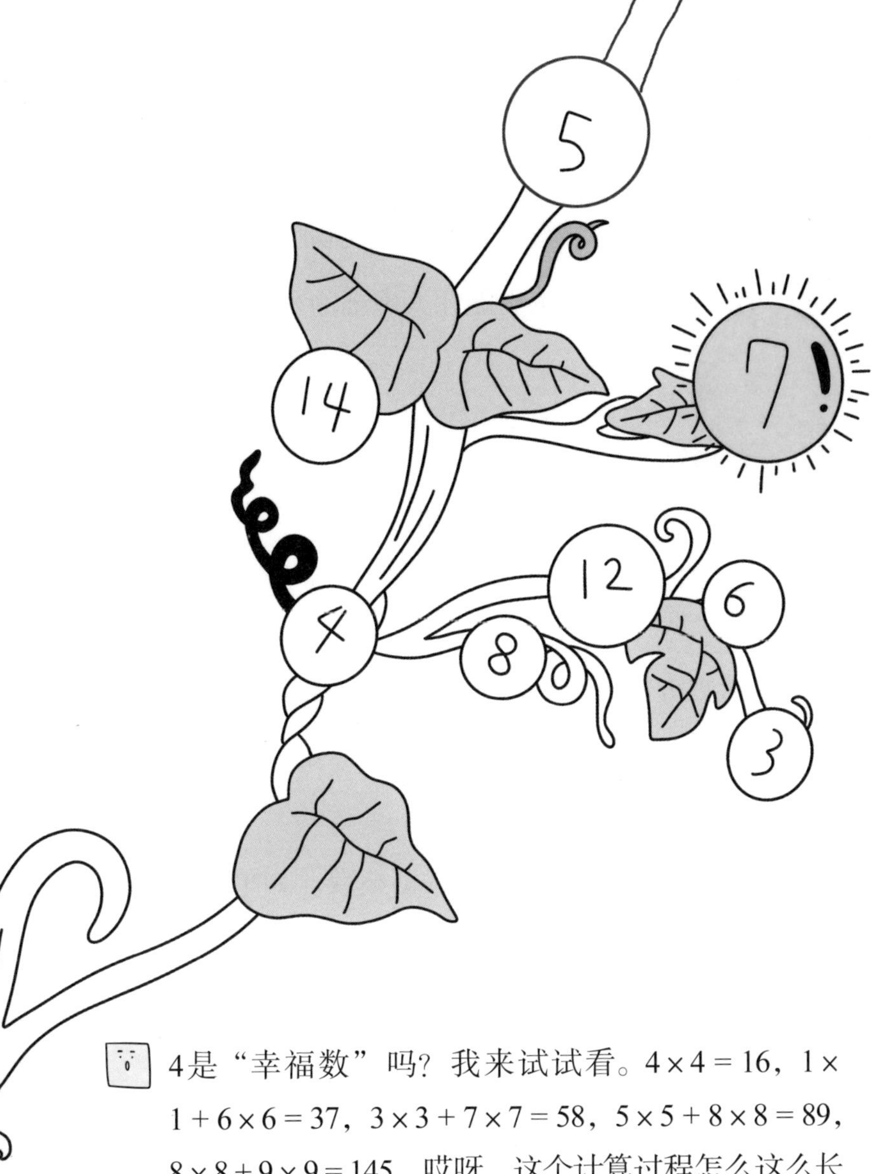

4是“幸福数”吗？我来试试看。$4\times4=16$，$1\times1+6\times6=37$，$3\times3+7\times7=58$，$5\times5+8\times8=89$，$8\times8+9\times9=145$。哎呀，这个计算过程怎么这么长啊。继续计算，可得$1\times1+4\times4+5\times5=42$，$4\times4+2\times2=20$，$2\times2+0\times0=4$。啊！又变回4了。

从4开始，又回到了4，这样肯定得不出1了。所以这个数就不是“幸福数”。

在那两个写有“幸福数”的葫芦里，应该藏着能让穷弟弟一家变得幸福的珍贵礼物吧？

可能是比金银财宝更能让人幸福的东西！

考拉兹猜想

让所有正整数都变成1的规则

这次要介绍的数字规则，真的是既有趣又有意义。

之前讲过的都很有趣啊。这次要讲的又是什么样的数字规则呢？

这个规则很简单。取任意正整数，如果是偶数就除以2，如果是奇数就乘以3再加1，反复进行以上计算步骤，最终结果都会变成1。

真神奇。那么1就直接不用计算了？

1当然是符合这一规则的。2是偶数，所以2除以2等于1。即2→1。

我来算一下3。3是奇数，所以算式为$3\times3+1=10$；10是偶数，10除以2变成了5；5是奇数，所以变成了$3\times5+1=16$；16是偶数，16除以2变成了8；8是偶数，8除以2变成了4；4是偶数，4

除以2变成了2；2是偶数，2除以2变成了1。

$$3\rightarrow10\rightarrow5\rightarrow16\rightarrow8\rightarrow4\rightarrow2\rightarrow1$$

我来验证一下4。

$$4\rightarrow2\rightarrow1$$

我来算5。

$$5\rightarrow16\rightarrow8\rightarrow4\rightarrow2\rightarrow1$$

我来算6。

$$6\rightarrow3\rightarrow10\rightarrow5\rightarrow16\rightarrow8\rightarrow4\rightarrow2\rightarrow1$$

哇！真神奇。

不知道数变大后，还能不能得出1？我用214试试看。

$214\rightarrow107\rightarrow322\rightarrow161\rightarrow484\rightarrow242\rightarrow121\rightarrow$
$364\rightarrow182\rightarrow91\rightarrow274\rightarrow137\rightarrow412$

这样下去，数越来越大。是不是没法得到1啊?

这才哪儿到哪儿呀，耐心一点，继续算吧。

让我接着刚才的数，把结果算出来。

$412\rightarrow206\rightarrow103\rightarrow310\rightarrow155\rightarrow466\rightarrow233\rightarrow700\rightarrow$
$350\rightarrow175\rightarrow526\rightarrow263\rightarrow790\rightarrow395\rightarrow1\,186\rightarrow$
$593\rightarrow1\,780\rightarrow890\rightarrow445\rightarrow1\,336\rightarrow668\rightarrow334\rightarrow167\rightarrow$
$502\rightarrow251\rightarrow754\rightarrow377\rightarrow1\,132\rightarrow566\rightarrow283\rightarrow$

850→425→1 276→638→319→958→479→
1 438→719→2 158→1 079→3 238→1 619→
4 858→2 429→7 288→3 644→1 822→911→
2 734→1 367→4 102→2 051→6 154→3 077→
9 232→4 616→2 308→1 154→577→1 732→
866→433→1 300→650→325→976→488→
244→122→61→184→92→46→23→70→
35→106→53→160→80→40→20→10→5→
16→8→4→2→1

哇！最后还是会得到1呢。

1937年，德国科学家考拉兹提出了上述猜想，故被称为考拉兹猜想。尽管现在人们已经用电脑验证了，无论多大的正整数都能通过这个计算过程变成1，但是到目前为止还没有人能够用数学方法证明这个猜想。如果你能够在数学上证明这一猜想，那么就会在数学史上留下浓墨重彩的一笔。

可话又说回来。换一个规则，也能够使所有正整数变成1呀，不是吗？

怎么讲？

取任意自然数，是偶数的话就除以2，是奇数的话就乘以3再减去1，也能够得出1。比如：

2→1

3→8→4→2→1

4→2→1

是吗？那试试5吧。

这个简单。5→14→7→20→10→5。呃，怎么又变成了5？

所以说改变规则后，有的数就不能够得出1了。17也不能得出1。

17→50→25→74→37→110→55→164→82→41→122→61→182→91→272→136→68→34→17

也是，像考拉兹这样聪明的人肯定把我能想到的都想到了。

话不能这么说。能够大胆尝试本身就很了不起。伟大的数学家们都是从尝试开始的。好了，现在出发去下一站吧！

飞驰而过！

17×9

哐当！

床怪！快！去医院！

车牌号是1，7，什么9来着？第三位数……

得抓住那个肇事逃逸的人。

车牌号应该是1729！

虽然不记得车牌号是多少，但我分明记得车牌上的数是个哈沙德数！

赞！

不愧是你，数钟！

哈沙德数

能够被自身各个数位上的数字之和整除的自然数

哈沙德数是什么?

哈沙德数是由印度数学家卡普雷卡尔提出的，它又被称为尼云数。

那具体是什么样的数呢?

观察一下18。把18的各个数位上的数加起来看看。

1 + 8 = 9。

18可以被9整除，是不是?像这样能够被自身各个数位上的数字之和整除的正整数就叫哈沙德数。

17就不是哈沙德数。1 + 7 = 8，而17不能被8整除。我们看到的车牌号是1729吧?我来验证一下它到底是不是哈沙德数。1 + 7 + 2 + 9 = 19，1 729 = 19 × 91，1 729可以被19整除。

没错。按顺序依次写出哈沙德数，有1，2，3，4，5，6，7，8，9，10，12，18，20，21，24，27，30，36，40，42，45，48，50，54，60，63，70，72，80，81，84，90，100，…。感兴趣的话，可以逐一验证一下!

▶▶▶ 概念整理自测题

1. 请验证所有的一位正整数都是哈沙德数。

2. 请用7来验证一下考拉兹猜想。

3. 请证明19为“幸福数”。

※自测题答案参考120页

科学中的数列

让我们来看一下科学世界中的数学规律。1766年，德国天文学家提丢斯发现了各行星之间的距离存在一定的规律。1772年，柏林天文台的台长波得在其著作中介绍了这一规律，并将其命名为“提丢斯–波得定则”。英国天文学家赫歇尔在1781年发现的天王星正好符合这一规律，在当时引起了轰动。

让我们查一下太阳到各个行星的距离吧。首先，我们有必要了解一下天文单位“AU”。AU表示从地球到太阳的平均距离，1 AU约为1亿5千万千米。现在让我们以AU为单位，换算一下从太阳到各行星的距离吧。请观察以下数列：

0，3，6，12，24，□，□，□

我们很容易就能找到可以填入□的数。除了第一项0和第二项3，其他数字都能够通过前一项乘2得出，是不是？所以该数列如下所示：

0，3，6，12，24，48，96，192

现在，把每一项分别加上4，可得

4，7，10，16，28，52，100，196

再把每一项分别除以10，可得

0.4，0.7，1.0，1.6，2.8，5.2，10.0，19.6

这就是以AU为单位所表示的从太阳到各行星的距离，也就是提丢斯和波得所发现的规律。换一种形式，可以表示如下：

太阳到水星的距离 = 0.4 AU
太阳到金星的距离 = 0.7 AU
太阳到地球的距离 = 1.0 AU
太阳到火星的距离 = 1.6 AU
太阳到小行星带的距离 = 2.8 AU
太阳到木星的距离 = 5.2 AU
太阳到土星的距离 = 10.0 AU
太阳到天王星的距离 = 19.6 AU

根据提丢斯-波得定则推测，该数列中距太阳2.8 AU的位置应该有行星，但该位置并没有行星，而是一个小行星带，聚集了数十万颗小行星。有的科学家认为那个位置原本应该有行星，但是由于质量巨大的木星对该行星强大的引力作用，使其未能成形，而是分裂成许多个小行星。

在提丢斯–波得定则广为人知后，天文学家们试图利用它寻找天王星之外的其他行星。但是，1846年发现的海王星、1930年发现的冥王星[1]的位置与该定则预估的位置偏离很大，所以，许多人对这一定则持否定态度。

至今，没有令人信服的理论可以从物理上证明、解释提丢斯–波得定则，它更多地被视为一种经验总结，甚至可能仅仅是一种数学上的巧合。无论如何，这样不断提出假设，然后去验证、思考的过程就是科学发展的过程。

---

1 冥王星在发现时被视为太阳系第九大行星，后国际天文联合会在2006年将其排除出行星行列，划为矮行星。

专题 6

斐波那契数列

斐波那契数列指的是前两项之和等于后一项的数列，围绕这个数列产生了很多有趣的内容，黄金分割比就是其中之一。让我们一起来看一下这个数列的各种有趣的性质吧。

跨越斐波那契大桥

相邻两数相加的规律

这次我们要研究的数列非常出名，而且很有意思。床怪，带我们去斐波那契大桥吧！

好嘞！向斐波那契大桥出发！

柯马，这就是你要过的桥。

什么？这里只有桥墩，我要怎么过去？

别担心。我会使用移动魔法帮助你移动。来，柯马！相信我，依次跳到1，2，3，5，8号桥墩上！

好。1，2，3，5，8。那接下来应该跳到哪儿呢？

那就得你自己看着办了。

那还不简单？从2到3跳了一格，从3到5跳了2格，从5到8跳了3格，那么接下来就应该是从8

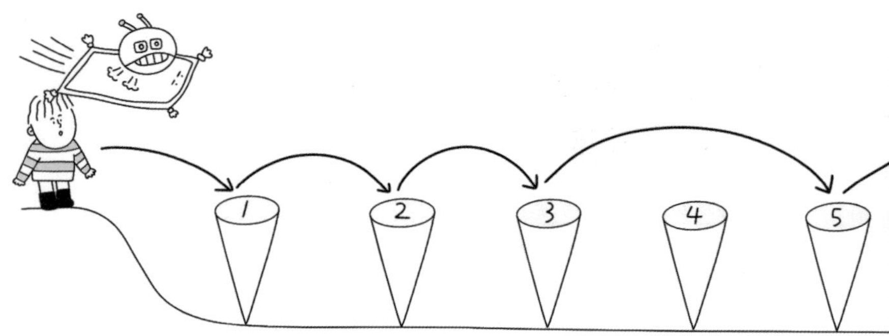

号跳4格到12号。现在跳到12号……啊！

啊！错啦。按照你的这个逻辑，无法解释从1到2的规律。如果说从2到3是移动了1格，那么从1到2应该移动0格才对。可实际上从1到2移动了1格，所以你刚才说的规律不成立。来，把前两项加起来看看。

1 + 2 = 3。

再把第二项和第三项加起来，接着把第三项和第四项加起来。

第二项和第三项的和是2 + 3 = 5，第三项和第四项的和是3 + 5 = 8。

你从这些数中看出什么规律了吗？

前面两项相加可以得出后一项。那样的话，8的后一项是5 + 8 = 13，13的后一项是8 + 13 = 21。所以1，2，3，5，8之后的数就是13，21。

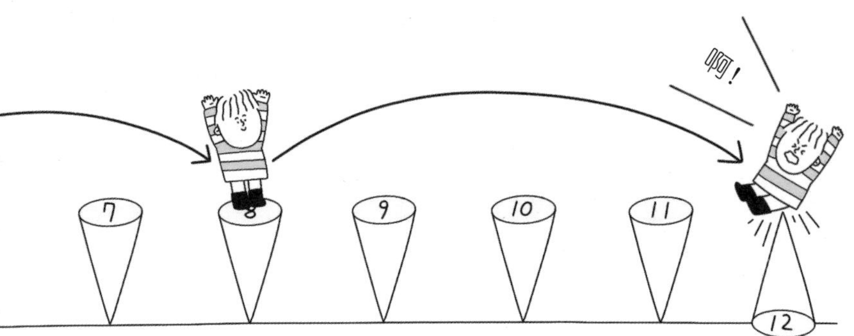

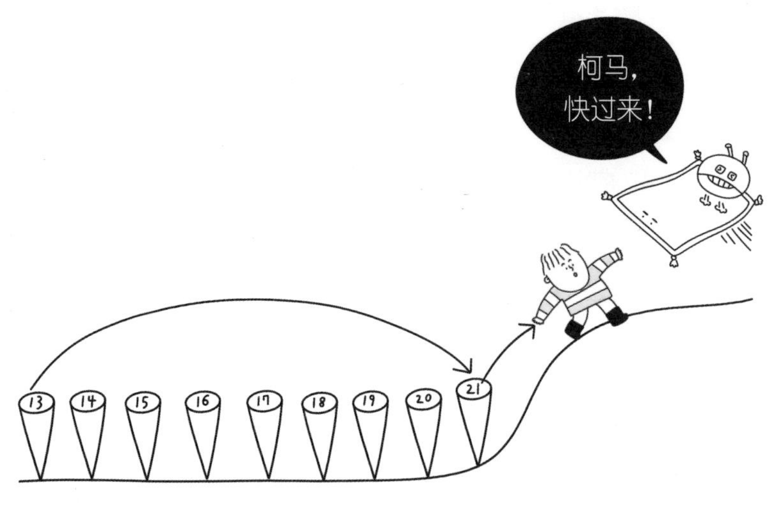

这个规律很有意思吧？发现这一数列的人是意大利数学家斐波那契。

所以这座桥的名字叫作斐波那契桥啊。他是什么时候发现这个规律的呢？

他在1202年首次提出了这个数列。斐波那契1170年生于意大利。小时候，他跟随从商的父亲走遍了埃及、西西里、希腊等地，还向印度和阿拉伯人学习数学。1202年，他回到家乡写了一本著名的数学书籍——《计算之书》。在这本书中，他介绍了这一有趣的数列。

斐波那契植物园里的秘密

四叶草不算？

虽说斐波那契数列很有趣，但是在我们日常生活中并没有吧？

果真如此吗？床怪！带我们去斐波那契植物园！

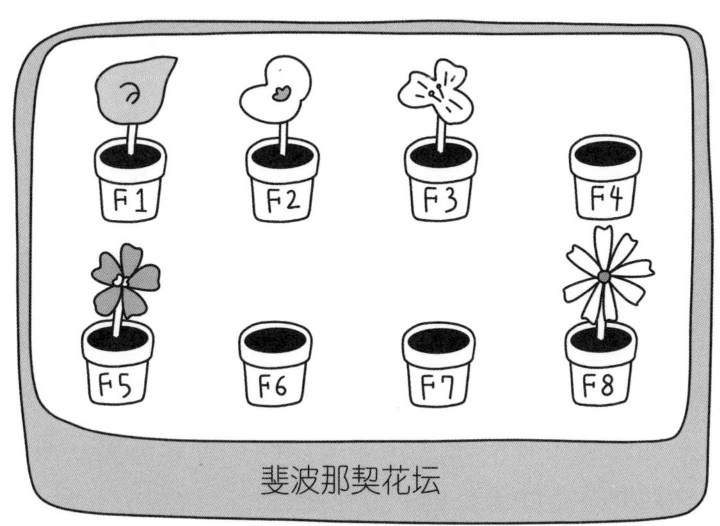

这里有8个花盆，可为什么F4、F6、F7花盆里没有花呢？

仔细观察各花盆中花瓣的数量。F1花盆中的花是只有1片花瓣的马蹄莲，F2花盆中的花是有2片花瓣的虎刺梅，F3花盆中的花是有3片花瓣的紫露草，F5花盆中的花是有5片花瓣的锦葵，F8花盆中的花是有8片花瓣的秋英。这不就是斐波那契数列1，2，3，5，8吗？大自然中许多花的花瓣数都是斐波那契数列中的数，这些数也被称为斐波那契数。

凡是规律，皆有例外。

什么意思？

就是不存在没有例外的规律。床怪！让我瞬间移动到我们家的院子里，我有东西要拿。

你到底要拿什么？

谢谢啦，床怪！看，四叶草！四叶草就有4片花瓣，所以它应该是F4花盆的主人。我要把它种到F4花盆里。

柯马，四叶草不算！这里是斐波那契植物园，不能把花瓣数不是斐波那契数的花种在这里。何况四叶草是叶子，也不是花瓣呀！

也对哦。那就把四叶草作为礼物送给床怪吧。

斐波那契数列有趣的性质

两项之间的差又构成了斐波那契数列?

斐波那契数列有很多有趣的性质。首先把斐波那契数列写出来：

1，2，3，5，8，13，21，34，55，89，…

现在从2开始，后一项减去前一项，并把它们的差写出来。

我来写。

1，2，3，5，8，13，21，34，55，89，…

哇！又是一个斐波那契数列。

这就是斐波那契数列一个非常有趣的性质，即它前后两项的差所形成的数列也是个斐波那契数列。

还有其他有趣的性质吗?

当然啦。斐波那契数列有趣的性质还有很多。从第四项5开始，又可以找到一个有趣的规律。先求出第四项除以第二项的商和余数。

$5 \div 2 = 2 \cdots\cdots 1$，所以商是2，余数是1。

很好。再求出第五项除以第三项的商和余数。

8 ÷ 3 = 2……2，所以商是2，余数是2。

重复上面步骤，第六项除以第四项的商和余数呢？

13 ÷ 5 = 2……3，所以商是2，余数是3。

没错。接下来是第七项除以第五项的商和余数。

21 ÷ 8 = 2……5，所以商是2，余数是5。

现在是第八项除以第六项的商和余数。

34 ÷ 13 = 2……8，所以商是2，余数是8。计算出来的商总是2呢。

把余数按顺序写下来呢？

1，2，3，5，8，…。咦，这不就是……

哇！把余数组合起来，又是一个斐波那契数列呢！

这也是该数列很有意思的一个性质。

斐波那契数列和爬楼梯

利用斐波那契数列爬楼梯的各种方法

数钟！为什么带我们来这里啊？是想玩爬楼梯游戏吗？

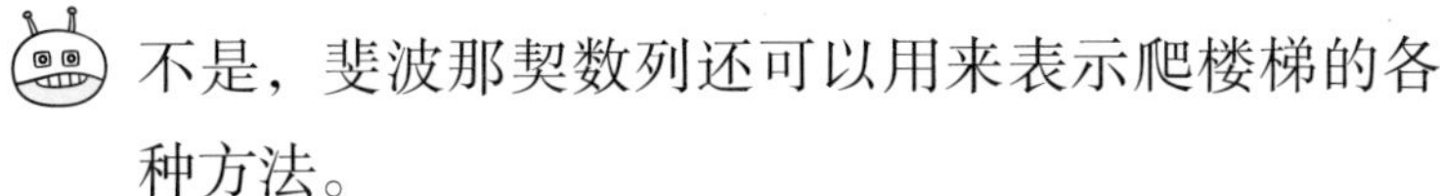

不是，斐波那契数列还可以用来表示爬楼梯的各种方法。

怎么表示？

假设爬楼梯可以一次迈一级或两级台阶，那么一共有多少种爬楼梯的方法呢？

一级台阶的楼梯只能迈一级，所以只有一种方法。

那么爬两级台阶的楼梯的方法有几种？

先迈一级再迈一级，或者一次迈两级，所以有两种方法。

很好。我们可以写成下面这种形式：

1＋1，2

那么爬三级台阶的楼梯呢？

这个简单。

1＋1＋1，1＋2，2＋1

所以有三种方法。

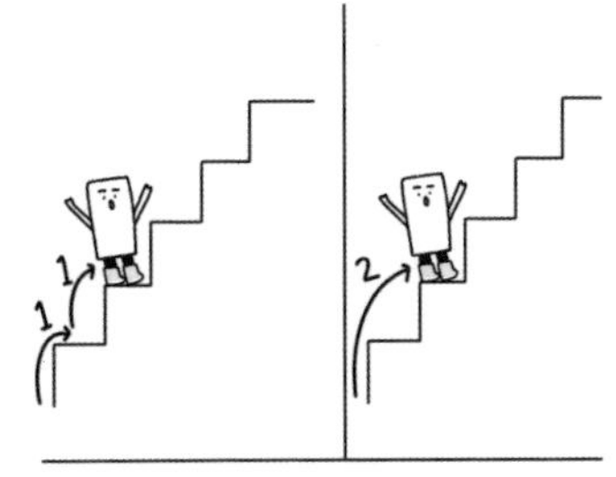

下面是四级台阶的楼梯。

这个我来吧。

1+1+1+1，1+1+2，1+2+1，2+1+1，2+2

所以有5种方法。

最后，爬五级台阶楼梯的方法有几种？

我来试试吧。如图所示，一共有8种方法。

 把之前你们说的方法的种数整理成一个表格。

台阶的级数	爬楼梯的方法种数
1	1
2	2
3	3
4	5
5	8

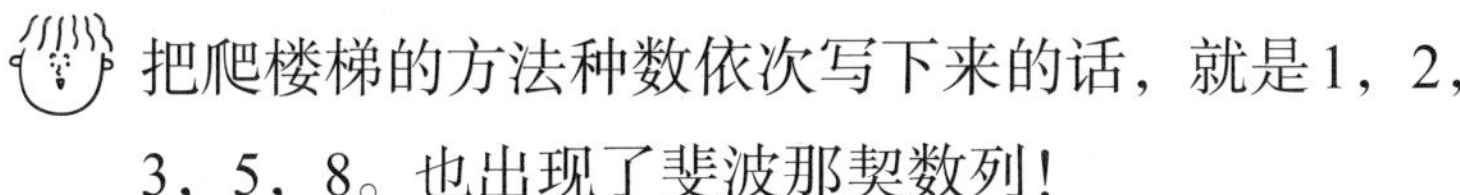 把爬楼梯的方法种数依次写下来的话，就是1，2，3，5，8。也出现了斐波那契数列！

 没错，真是太棒了！

数学说唱大赛
这里是黄金城！
总决赛加油
本次数学说唱大赛总决赛的最后一位参赛者是金莱西奥！
哟
有请他为我们带来歌曲《寻找黄金分割比》！
1.618
你 有美好的人生
我 有自由的人生
啊 贪心的人儿啊
啊 美好的一瞬间
一点六一八
一点六一八
我 找到了这美好
我 和谐惬意地活
你 享受着和谐的生活
我 像鸟儿般展翅高飞
啊 越来越感到疲惫了
我 感受到世界的美好
真爱的比例
神圣的比例
我 为黄金分割而着迷
我 像黄金一样地耀眼
好好听啊！一点六一八是什么？
哇！
加油
加油
哇！
哇！
一点六一八
让金莱西奥来当我们的广告模特。我们要用1.618这个比例来制作新品饼干，名字就叫作黄金曲奇。
1:1.618
拥有黄金分割比的黄金曲奇
黄金曲奇
请排队！
售卖黄金曲奇
我要！给我！
黄金曲奇

黄金分割比是什么？

斐波那契数列再现！

金莱西奥的说唱真的太酷啦！

是呀是呀，很有节奏呢，就是按照1个字、6个字、1个字、8个字这样的节奏。

这是什么意思？

你看第一行歌词——“你/有美好的人生/你/享受着和谐的生活”。这里“你”是1个字，“有美好的人生”是6个字，接着“你”又是1个字，最后“享受着和谐的生活”是8个字。就是1—6—1—8这样的节奏啊。

最近，这首歌在黄金城很火。1.618是黄金分割比的近似值，实际上黄金分割比是1.618 03…，小数点后的数是无限不循环的，因此将小数点后第四位数四舍五入后，保留三位小数的结果就是1.618。

黄金分割比是什么？

斐波那契数列中就有这个。

斐波那契数列不是1，2，3，5，8，13，21，34，…吗？我们已经学过了，好像没听说有黄金分割比啊。

你用计算器算将后面的数除以前面的数看看，结果四舍五入保留到小数点后三位。

我拥有内置计算器，让我来算吧。四舍五入保留三位小数的话，就是

$$2 \div 1 = 2$$
$$3 \div 2 = 1.5$$
$$5 \div 3 = 1.667$$
$$8 \div 5 = 1.6$$
$$13 \div 8 = 1.625$$
$$21 \div 13 = 1.615$$
$$34 \div 21 = 1.619$$
$$55 \div 34 = 1.618$$

哇！ 1.618，数钟所说的黄金分割比出现了！

在斐波那契数列中，随着数越大，后一项和前一项的比值会越来越接近黄金分割比。

话说回来，为什么把这个比叫作黄金分割比呢?

有趣的是，发现这个比的数学家并没有将其命名为黄金分割比。

是谁发现了这个比?

古希腊数学家欧几里得在研究图形时发现这个比经常出现，但是他并不认为这个比特别具有美感。

后来，这个比也只是斐波那契数列中出现的特殊的比而已。直到19世纪，才有人将这个比命名为“黄金分割比”。

听说建筑、艺术领域甚至自然界中也有很多黄金分割比，这是真的吗？

给你举一个例子，看下图。

这不是达·芬奇的《蒙娜丽莎》吗？这幅画实在太有名了，所以我很熟悉。

那个女人的名字是叫蒙娜丽莎，是吧？

不是哦。蒙娜（Mona）是对女士的尊称，相当于“夫人”的意思，所以她的名字是丽莎。这幅达·芬奇的知名画作长77厘米，宽53厘米，创作于1503—1506年，也有人认为这幅画的创作持续至1517年。蒙娜丽莎的脸的宽高比为黄金分割比，画面构图也符合黄金分割比，所以别具美感。

很多书在介绍黄金分割比的时候，都

会拿《蒙娜丽莎》、《米洛斯的维纳斯》、帕特农神庙、鹦鹉螺的壳来举例。

但也有人持不同观点，认为黄金分割比并不存在。比如，有人认为蒙娜丽莎的脸型比为1∶1.6，不是黄金分割比1∶1.618…。

两者不是很接近吗？

虽然很接近,但是不一样。而且1∶1.6可以用自然数表示，即1∶1.6写成分数就是1∶$\frac{8}{5}$，由于比的前后项乘相同的数，比值不变，所以前后项同时乘5，就可化成5∶8这样自然数的比。而黄金分割比不能用自然数的比表示。所以，有一些学者认为，蒙娜丽莎的脸上并没有黄金分割比，鹦鹉螺、帕特农神庙中存在黄金分割比的说法也是后人附会的。

没想到这么复杂，看来这个问题值得好好研究！

1. 有如下数列：

1，2，3，4，5，15，29，56，…

请问，该数列满足什么规律？

2. 请列出斐波那契数中小于100的质数。

3. 请计算1除以黄金分割比后再加1的值，结果四舍五入保留三位小数。

※自测题答案参考121页。

斐波那契的兔子

假设一对小兔1个月后就能长成大兔，再过1个月就能生下1对小兔，并且此后每个月都生1对小兔。如果1年内没有兔子死亡，那么按照这个规律，1对小兔在1年内能繁殖成多少对兔子？

○表示1对小兔，●表示1对大兔。

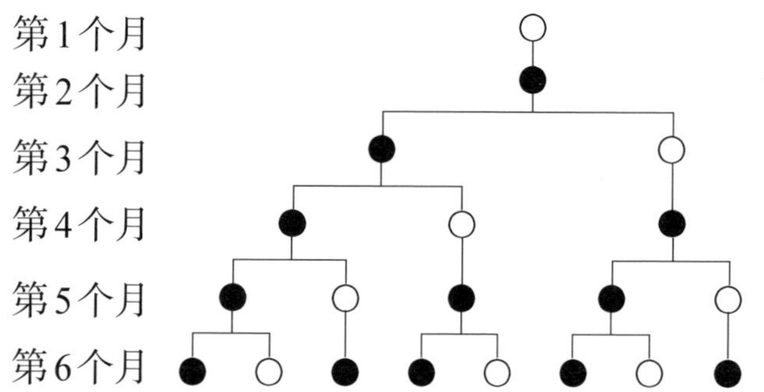

此时，按顺序写下兔子的数量，可得1，1，2，3，5，8，13，21，34，…。

有些小读者可能已经发现了，这是一个斐波那契数列。

扫一扫前勒口二维码，立即观看郑教授的视频课吧！

专题 总结

附 录

|数学家的来信|

高斯

（Carl Friedrich Gauss）

大家好，我是德国数学家高斯，1777年4月30日出生于德国的不伦瑞克市。我从小就喜欢数学，算术能力也远超同龄人。很小的时候，我就发现父亲算错了员工的工资。读小学时，有一次老师在课上出了一道求从1到100之和的题目。当其他同学还在用1 + 2 = 3，3 + 3 = 6，6 + 4 = 10的方式进行反复、无聊的加法运算时，我就发现了等差数列的加法公式，瞬间就说出了答案5 050。老师被我吓了一跳，从此开始认可我的数学才能。在后面，我将以论文的形式详细地说明自己是如何不经过烦琐的加法运算，而通过等差数列的求和公式得到答案的，供大家参考。

我在德国哥廷根大学长期担任教授，从事教学和科研工作，同时担任哥廷根天文台台长。但本人性格谨慎内向，教学的时候压力很大，也害怕在别人面前发表自己的研究成果，所以在得出完美的结果之前，我都不会发表。

在天文学方面，我创立了一种可以计算行星椭圆轨道的方法，能准确地预测行星的位置。另外，我对物理学和大地测量学也很有兴趣，进行了不少研究。

当然，我的主要研究领域还是代数和几何。其中最有名的是对代数基本定理的证明。另外，我在19岁时发现了如何仅用直尺和圆规就绘制出正十七边形的方法，这是我一生的骄傲。如果你们来我的家乡不伦瑞克市，可以在公园里看到我的塑像，如果你仔细观察，会发现塑像的基座上刻着一颗小小的正十七角星。

|论文|

从1到某个正整数之和的速算方法研究

高斯，1787年（哥廷根小学）

摘要

本文探讨了从1到某个正整数之和的快速计算公式。

1. 绪论

正整数被定义为

$$1, 2, 3, 4, \cdots \quad (1)$$

即，在正整数中，前面的数加1就可以得出后一项。按照这一方式计算下去，就会发现自然数是无穷无尽的。

2. 从1到10之和的计算公式

在本部分中，我们要找出快速求出1到10之和的方法。我们先将要算式设为a，可得

$$a = 1 + 2 + 3 + 4 + 5 + 6 + 7 + 8 + 9 + 10 \quad (2)$$

对于加法运算来说，改变加数的位置，结果不变，

可得

$$a = 10 + 9 + 8 + 7 + 6 + 5 + 4 + 3 + 2 + 1 \qquad (3)$$

将式（2）和式（3）相加，可得

$$\begin{aligned} a + a = &1 + 2 + 3 + 4 + 5 + 6 + 7 + 8 + 9 + 10+ \\ &10 + 9 + 8 + 7 + 6 + 5 + 4 + 3 + 2 + 1 \qquad (4) \end{aligned}$$

由式（4）可知，上下两个数字之和相等，即

$$1 + 10 = 11$$
$$2 + 9 = 11$$
$$3 + 8 = 11$$
$$4 + 7 = 11$$
$$5 + 6 = 11$$
$$6 + 5 = 11$$
$$7 + 4 = 11$$
$$8 + 3 = 11$$
$$9 + 2 = 11$$
$$10 + 1 = 11$$

根据加数位置改变结果不变的加法交换律，我们可以将式（4）转换成下列算式：

$$\begin{aligned} a + a = &(1 + 10) + (2 + 9) + (3 + 8) + (4 + 7) + \\ &(5 + 6) + (6 + 5) + (7 + 4) + (8 + 3) + \\ &(9 + 2) + (10 + 1) \end{aligned}$$

$= 11 + 11 + 11 + 11 + 11 + 11 + 11 + 11 + 11 + 11$

$= 11 \times 10$

$= 110$

同时，式（4）等号左边可以写成

$$a + a = 2 \times a \tag{5}$$

这样就变成了 $2 \times a = 110$，所以 $a = 55$。这就是快速求出1到10之和的方法。

3. 从1到某个正整数□之和的计算公式

我们要怎么求1到某个正整数□之和呢？例如，让我们来思考一下1到368之和，或者1到10 000之和。

根据之前的方式，在这里我们要通过第2部分的解题方法，找到快速求出1到某个正整数□之和的公式。将我们要求的值设为 m，可得

$$m = 1 + 2 + 3 + \cdots + (\square - 2) + (\square - 1) + \square \tag{6}$$

根据加法交换律，可转化为

$$m = \square + (\square - 1) + (\square - 2) + \cdots + 3 + 2 + 1 \tag{7}$$

将式（6）和式（7）相加，可得

$$m + m = 1 + 2 + 3 + \cdots + (\square - 2) + (\square - 1) + \square + \square + (\square - 1) + (\square - 2) + \cdots + 3 + 2 + 1 \tag{8}$$

由式（8）可知，上下两数之和相等，其值为□＋1。所以就变成了$m+m=$（□＋1）×□；即$2\times m=$（□＋1）×□，$m=$（□＋1）×□÷2。因此，1到某个正整数□之和为（□＋1）×□÷2。

4. 结论

在本文中，我发现了1到某个正整数□之和的计算公式为（□＋1）×□÷2。例如，要求1到100之和，就将100代入□，也就是（100＋1）×100÷2＝5 050。该公式能够瞬间求出1到某个数值很大的正整数之和。

专题1 概念整理自测题答案

1. 能。

提示：5的倍数依次是5，10，15，20，…，所以能组成差值为5的等差数列。

2. 在等差数列相邻的三项中，中间数的2倍等于另两项之和。

例如：等差数列1，4，7，10，13，16，…，如果选择1，4，7这3个相邻的数，4的2倍是8，1 + 7 = 8；如果选择4，7，10这3个相邻的数，7的2倍是14，4 + 10 = 14。

3. 是等差数列。

提示：把100克换算成千克就是0.1千克。如果这个人的初始体重为30千克，那么第二天的体重为30.1千克，第三天的体重为30.2千克，第四天的体重为30.3千克。也就是说，如果将这个人的体重一一罗列，就是30，30.1，30.2，30.3，…，即差值为0.1的等差数列。

1. 972。

提示：该数列是公比为3的等比数列，所以324的后一项为$324 \times 3 = 972$。

2. 在等比数列相邻的三项中，中间数的平方等于另两项之积。

例如：等比数列3，6，12，24，48，…，如果选择3，6，12这3个相邻的数，可得$6 \times 6 = 3 \times 12$；如果选择6，12，24这3个相邻的数，可得$12 \times 12 = 6 \times 24$。

3. 20。

提示：由第2题可知，等比数列相邻的三项中，中间数的平方等于另两项之积。则有$10 \times 40 = 400$，而$400 = 20 \times 20$。

专题3　概念整理自测题答案

1. 24。

提示：先写出相邻两项的差，6和4的差为2，10和6的差为4，16和10的差为6……以此类推，□和16的差应该为8，所以□ = 16 + 8 = 24。

2. 0.2。

提示：将1，0.5，$\frac{1}{3}$，0.25都转换成分数，就变成了1，$\frac{1}{2}$，$\frac{1}{3}$，$\frac{1}{4}$，□，…。□用分数形式表示，应该为$\frac{1}{5}$，若将其转化成小数，则为0.2。

3. 10个。

提示：依次画线段观察。当线段数分别为1，2，3，4时，其最多交点个数情况如下所示。

1条线段：交点个数 = 0

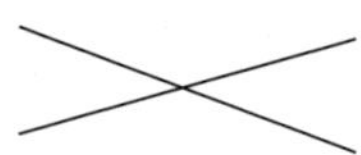

2条线段：交点个数 = 1

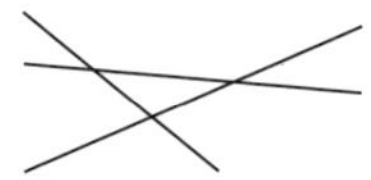

3条线段：交点个数 = 3

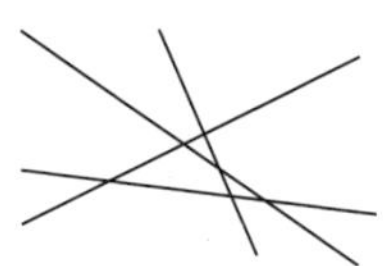

4条线段：交点个数 = 6

也就是说，随着线段条数依次增加，交点个数变化为0，1，3，6，…。0和1的差为1，1和3的差为2，3和6的差为3……可以看出这是一个二级等差数列。所以当画5条线段时，交点个数 = 6 + 4 = 10（个）。

1. 31131211131221。

提示：3个1，1个3，1个2，1个1，1个3，1个2，2个1，所以是31131211131221。

2. 7。

5可以如下表示：

5

4 + 1

3 + 2

3 + 1 + 1

2 + 2 + 1

2 + 1 + 1 + 1

1 + 1 + 1 + 1 + 1

所以5的分拆数为7。

3. 11。

6可以如下表示：

6

5 + 1

4 + 2

4 + 1 + 1

3 + 3

3 + 2 + 1

3 + 1 + 1 + 1

2 + 2 + 2

2 + 2 + 1 + 1

2 + 1 + 1 + 1 + 1

1 + 1 + 1 + 1 + 1 + 1

所以6的分拆数为11。

1. 一位正整数的各个数位上的数字之和为其本身，能够被其本身整除，所以一位正整数都是哈沙德数。

2. 7→22→11→34→17→52→26→13→40→20→10→5→16→8→4→2→1

3. 根据“幸福数”的定义，如果重复地求某个数各个数位上数字的平方之和，若干次后得到1，那么这个数就是幸福数。要验证19是否为“幸福数”，计算步骤如下：
$1\times1+9\times9=82$，$8\times8+2\times2=68$，$6\times6+8\times8=100$，$1\times1+0\times0+0\times0=1$
所以19为“幸福数”。

1. 观察数列后发现：

1 + 2 + 3 + 4 + 5 = 15

2 + 3 + 4 + 5 + 15 = 29

3 + 4 + 5 + 15 + 29 = 56

因此前五项的和等于后一项。

2. 质数是指因数只有1和其本身的数。在斐波那契数列中，小于100的质数有2，3，5，13，89。

3. 1.618。

提示：根据题目列出算式1 ÷ 1.618 + 1。利用计算器计算，可得结果为1.618。

术语解释

等比数列

如果一个数列从第2项开始，每一项和它的前一项的比值都等于同一个常数，那么这个数列就叫作等比数列，这个常数叫作等比数列的公比。

等差数列

如果一个数列从第2项开始，每一项和它的前一项的差都等于同一个常数，那么这个数列就叫作等差数列，这个常数叫作等差数列的公差。

二级等比数列

如果一个数列的后项减前项所得的差，形成的新数列是等比数列，那么这个数列就是二级等比数列。

二级等差数列

如果一个数列的后项减前项所得的差，形成的新数列是等差数列，那么这个数列就是二级等

术语解释

差数列。

斐波那契

莱昂纳多·斐波那契（1175—1250），意大利数学家，曾前往埃及、叙利亚、希腊、西西里等地游学，在阿拉伯地区学习当地先进的数学知识，并将其推广到欧洲，对欧洲各国的数学发展做出了贡献。尤以在欧洲普及阿拉伯数字而闻名于世。

斐波那契数列

斐波那契数列指的是1，1，2，3，5，8，13，21，…。这个数列从第3项开始，每一项都等于前两项之和。

分拆数

将一个正整数以其本身或几个正整数之和的形式表示出来的方法的数量。

术语解释

高斯

高斯（1777—1855），德国数学家、物理学家和天文学家。幼年便显示出过人的数学才能，人称“数学王子”。19岁时便发现了正十七边形的尺规作图法。此外，他利用最小二乘法，简便地求得未知的数据，使得这些求得的数据与实际数据之间误差的平方和为最小，并以此计算预测出了突然消失的谷神星的位置。高斯还担任过哥廷根天文台的台长。

哈沙德数

能够被自身各个数位上的数字之和整除的正整数。

黄金分割比

黄金分割比可以通过分割一条线段来表示，就是将一条线段分成两部分，满足整条线段与较长部分的比等于较长部分与较短部分的比，即 $AC:BC=BC:AB\approx1.618:1$。

术语解释

另外，在斐波那契数列中，后项与前项的比会越来越接近于黄金分割比。

考拉兹猜想

从某个正整数开始，如果是偶数就除以2，如果是奇数就乘以3再加1，反复进行以上计算，最终结果都会变成1。

兰福德数列

1和1之间有一个非1的数，2和2之间有两个非2的数，3和3之间有三个非3的数……符合上述规则的数列就叫作兰福德数列。它是由苏格兰数学家兰福德看到自己儿子所排列的彩色积木后发现并整理公布的。

三角形数

依次画点排列正三角形时，组成各个正三角形

术语解释

的点的个数叫作三角形数，有1，3，6，10，15，21，28，…。三角形数是二级等差数列。

数列

按照确定的顺序排列的一列数叫作数列。数列中的每一个数叫作这个数列的项。

四边形数

依次画点排列成正方形时，形成各个正方形的点的个数叫作四边形数，有1，4，9，16，…。四边形数是二级等差数列。

调和数列

如果一个数列各项的倒数可以构成等差数列，那么这个数列就叫作调和数列。

外观数列

一个数列的后一项是对前一项的外观的描述，

术语解释

这个数列叫作外观数列。它是由英国的数学家康威在1986年首次提出的，故而也叫康威数列。